U0157325

寒区隧道空气幕保温机理及其应用研究

高焱　张旭东　贾超　丁云飞　著

中国水利水电出版社
www.waterpub.com.cn
·北京·

内 容 提 要

本书以寒区隧道冻害防治为主线，系统介绍了关于寒区隧道温度场和空气幕保温措施方面的研究成果，包括寒区隧道温度场、防冻措施和空气幕的国内外研究现状，杀虎口隧道和吉图珲铁路沿线隧道温度场监测研究及冻害整治情况，寒区隧道空气幕保温系统及开展的相关研究，高速铁路隧道列车风、空气幕作用下隧道设防长度变化规律，尚山隧道防寒门、防寒门与火炉、空气幕保温系统不同措施下洞内温度场的分布规律。

本书可供寒区隧道工程设计、施工、科研相关人员及相关专业院校师生参考阅读。

图书在版编目（ＣＩＰ）数据

寒区隧道空气幕保温机理及其应用研究 / 高焱等著
. -- 北京 ： 中国水利水电出版社，2023.11
ISBN 978-7-5226-1884-5

Ⅰ．①寒… Ⅱ．①高… Ⅲ．①寒冷地区－隧道－空气
幕－保温－研究 Ⅳ．①TU834.2

中国国家版本馆CIP数据核字(2023)第199898号

书　　名	**寒区隧道空气幕保温机理及其应用研究** HANQU SUIDAO KONGQIMU BAOWEN JILI JI QI YINGYONG YANJIU
作　　者	高　焱　张旭东　贾　超　丁云飞　著
出版发行	中国水利水电出版社 （北京市海淀区玉渊潭南路 1 号 D 座　　100038） 网址：www. waterpub. com. cn E - mail：sales@mwr. gov. cn 电话：(010) 68545888 （营销中心）
经　　售	北京科水图书销售有限公司 电话：(010) 68545874、63202643 全国各地新华书店和相关出版物销售网点
排　　版	中国水利水电出版社微机排版中心
印　　刷	天津嘉恒印务有限公司
规　　格	184mm×260mm　16 开本　8.25 印张　201 千字
版　　次	2023 年 11 月第 1 版　2023 年 11 月第 1 次印刷
印　　数	001—500 册
定　　价	**60.00 元**

前　言

随着"交通强国"战略的贯彻落实，中国在高纬度、高海拔地区修建的隧道数量逐年增多，例如中国川藏铁路的孜拉山隧道、俄罗斯莫斯科的莫喀高铁隧道等。相较于常温地区，高寒环境下隧道的冻害频发，不但给工程设计、施工和运营管理带来了重重困难，还降低了隧道的行驶安全性。目前现有的技术难以实现精准保温，例如，当隧道外界环境温度过低时，隔热层的长期保温效果并不令人满意。此外，在隧道洞口安装防寒门，虽然保温比较良好，但是由于存在开启和关闭不便，防寒门保温方法并不适用于交通流量较大的交通隧道。寒区隧道冻害导致一系列问题的产生，严重影响隧道运营安全。

《铁路隧道设计规范》（TB 10003—2016）指出：严寒及寒冷地区隧道存在冻害地段应设置抗冻设防段。设防长度可根据隧道长度、当地最冷月平均气温、地下水水量、隧道内外气温、风速风向、行车速度和密度等综合确定。一般情况下可参考当地最冷月气温和邻近隧道的设防条件类比确定。目前，规范建议采用类比法施工，无法明确地指导寒区隧道的保温设计工作，隧道冻害问题严重。

本书采用主动防寒的设计理念，颠覆了传统保温技术被动保温理念，提出了一种寒区隧道空气幕保温系统。主要内容有：重点阐述了寒区隧道温度场、现有防冻措施和空气幕的国内外研究现状；对杀虎口隧道、吉图珲铁路沿线10座隧道及哈尔滨铁路局管辖区内隧道开展调查试验研究，研究了寒区隧道温度场的演变规律并对寒区隧道冻害及其整治情况进行分析；提出了寒区隧道防寒保温技术及其理论计算方式，构建了一种空气幕保温系统作用下隧道洞内流-固耦合对流和围岩传导的稳态传热模型；基于正交试验开展了空气幕保温系统参数设计；研制了寒区隧道空气幕保温试验系统和列车风作用下寒区隧道温度场模型试验系统并开展试验研究；探究了寒区隧道设防长度变化规律；通过现场应用研究，探究了防寒门、防寒门＋火炉、空气幕保温系统等不同保温方式下洞内温度场的变化规律，并给出了不同保温方法的温度场适应范围；通过与传统保温技术的全周期的经济对比，确定了空气幕保温系统在经济上的可行性。

由于时间仓促，书中难免存在疏漏之处，恳请广大专家及读者批评指正，以便及时修改完善。联系邮箱：gao9941@163.com。

编者

2023 年 5 月

目　　录

第1章 绪 论

1.1 研究意义及研究目的

随着"交通强国"发展战略的深入，我国铁路网结构的日益完善，隧道工程正向着高纬度、高海拔等气候条件恶劣的严寒地区延伸。截至 2020 年年底，我国当前在建和即将开工建设的位于严寒地区的隧道的长度超过 1000km。严寒地区隧道因外界气温低、部分隧道地下水丰富、施工条件差及工程管理难度大等情况，防寒措施设计或施工不到位，极易引发隧道衬砌冻胀、开裂、掉块、道床结冰等病害；一旦形成隧道冻害，整治难度相当大，整治费用相当高，部分隧道甚至因严重冻害而导致隧道报废；严重影响列车行驶安全，给铁路运行带来巨大的损失。因此，开展寒区隧道保温系统的研究，对解决寒区隧道冻害问题显得十分重要。

相较于常温地区，寒冷环境所导致的一系列问题不仅给隧道的工程设计、施工和运行管理带来了一系列的困难，还会造成隧道冻害的发生。例如，当隧道外界环境温度低于－15℃时，隔热层的长期保温效果并不令人满意。此外，在隧道洞口安装防寒门，对于隧道车流量较小的情况下能够有效地解决隧道冻害问题，但是由于存在开启和关闭不便的问题，防寒门保温方法不适用于交通流量较大的公路隧道。苏联、日本、挪威和中国等国在部分隧道采用的 U 型管加热技术、EHT 加热系统、GSHP 加热系统和加热电缆对隧道负温段直接加热的方法，虽能有效解决隧道冻害，但是由于存在加热耗源巨大的问题，导致其不适用于电能缺乏的地区。

近年来，许多学者开始研究吸收地热能和空气源热等来解决隧道冻害问题。例如，张国柱等研究了利用地热能对隧道衬砌和排水管进行地热加热的方法，并将其应用于中国林场隧道；杨勇等将地源热泵型供热系统应用于中国内蒙古博牙高速扎敦河隧道，并研究了隧道衬砌内热交换管换热引起的温度应力的分布规律及其对衬砌受力的影响；周小涵等针对寒区高地温隧道洞口段冻害问题，在地源热泵供热系统的基础上优化系统热量来源，使用空气源热交换器热提取系统代替地源热泵热交换管系统，为高地温隧道洞口前端冻害问题提供一种新的解决方法。虽能有效解决隧道冻害，但是由于存在技术含量高、建设费用高和热量失衡等问题，导致其不适用于所有寒冷地区的隧道。为预防控制隧道冻害，兼顾经济、节能、普适和保温效果的设计理念，本书基于寒区隧道主动防寒的设计方法，提出寒区隧道空气幕保温系统。

1.2 国内外研究现状

1.2.1 寒区隧道温度场研究现状

寒区隧道温度场的研究最早可追溯至 180 年前寒区冻土的研究。纵观国内外寒区隧道温度场的研究，主要可分为理论研究、现场试验研究及模型试验研究等三个方面。

1. 温度场理论计算研究现状

国外学者在寒区隧道温度场的理论计算研究开展较早，并取得了一系列重要的成果。20世纪40年代，苏联以苏姆金为代表的科学家针对冻土温度场开展了基础性、理论性的研究；1957年，J. R. Philip 等提出了温度梯度下多孔材料的水迁移运动理论模型及其理论解；1973年，Bonacina C 等在近似潜热效应解析方法的基础上，推导出考虑相变传热问题的非线性温度场数值解；1973年，R. L. Harlan 采用 Darcian 方法对围岩多孔介质中热-流耦合传递进行分析，提出了用于计算围岩水热迁移的 Harlan 方程；1974年，G. Comini 等提出了考虑相变情况下的非线性热传导问题的有限元计算模型，该模型可用于计算非线性物理特性和边界条件的瞬态热传导问题；1978年，George S. Taylor 等建立了土壤冻结过程中热湿耦合传递模型，使用隐式有限差分方法进行求解，并通过 Dirksen、Miller、Jame 和 Norum 的实验数据进行了验证；1986年，E. M. Glazunov 等采用有限差分法求解了多层介质的非稳态热传导问题，综合考虑了多层介质的坐标和时间对温度场分布规律的影响；1988年，美国陆军寒区研究与工程实验室（CRREL）科研人员对 Alaska 的永久性冻土隧道开展了冻土的蠕变特性、冻土中地下冰的原位升华、冻土地下洞的开挖方法和特殊维护等多方位的研究，进一步促进了冻土隧道温度场的发展；1996年，Moncef Krarti 等提出了一种地下隧道空气传热的分析模型，该模型可用于计算隧道洞内任一时间的温度场，同时确定了隧道水力直径和空气流量对隧道内壁面与空气之间传热的影响；1996年，Zafer Ilken 研究了有相变和无相变情况的热传导问题，通过解析解确定了半无限介质中固-液分界面的位置，通过熔法求解三种不同边界条件的一维相变问题；2006年，X. Lu 等采用叠加原理和分离变量法推导出了对流边界条件下圆形断面瞬态温度场的解析解；2009年，Jain Prashant K 等推导出了多层介质瞬态非对称径向热传导解析解；2011年，Toutain J 等对传热模型的 Laplace 变换进行数值反演，证明了傅里叶级数方法在热传导问题研究中的可靠性；2012年，Robert Siegel 采用 Green 函数分析了平行半透明层的瞬态热。

相较于国外学者，国内学者在寒区隧道温度场计算理论研究上起步较晚，但近20年来同样取得了一系列重要研究成果，这些寒区隧道温度场的计算理论研究成果主要包括解析解、数值解、有限元算法及多场耦合条件下温度场的计算方法。1998年，赖远明等采用伽辽金法推导了寒区隧道围岩传热和隧道内空气与围岩对流耦合问题的有限元计算公式；1999年，何春雄等构建了寒区隧道洞内气-固耦合的空气-围岩对流换热及围岩-围岩导热计算模型；2001年，赖远明等采用无量纲和摄动技术求解出了圆形隧道冻结过程的解析解；2002年，张学富等采用辽金法推导出了带相变瞬态温度场的有限元计算公式，并分析了不同施工气候、不同围岩初始条件和不同保温材料下的温度场变化规律；2006年，张学富等建立了渗流场和温度场耦合影响条件下的三维数学计算模型，采用 Galerkin 编制有限元计算程序并进行分析；2009年，张耀等采用微分方程和贝塞尔特征函数，推导了带有保温隔热层的圆形隧道温度场解析解；2010年，张国柱等利用叠加原理及贝塞尔特征函数，推导出非齐次边界条件下寒区隧道围岩径向温度场的解析解；2010年，夏才初等利用分离变量与 Laplace 变换相结合的方法，建立了寒区隧道洞内气-固耦合传热模型，推导出了综合考虑衬砌和隔热层的寒区隧道瞬态温度场的解析解；2013 年，谭贤君等基于传热学、空气动力学和流体力学，综合考虑隧道通风情况下对隧道围岩温度场影响的风温场控制方程以及风流场湍流控制方程；2014 年，冯强等采用 Laplace 积分变换的方法，推导了多层介质寒区隧道保温层的解析计算方法；2018 年，张学富等根据能量守恒原理获得了地下隧道内空气温度场的解析解，并推导了年平均温度和年温度振幅；2019 年，刘炜炜等将 Laplace 积分变换方法和 Fourier 积分变换方法相结合，建立了寒区隧道三维径向传热的解析解；2020 年，赵鑫等以波的视角从时空尺度建立了寒区隧道温度简谐波径向传热模型并基于傅里叶定律提出径向温度场传热表达式；2022 年，袁金秀等基于非稳态热传导理论、叠加原理和 Bessel 方程提出了一种寒区隧道温度场理论解析解。

2. 温度场现场试验研究现状

解析法多用于分析单因素影响下寒区隧道温度场的变化规律，难以完全、真实地反应实际寒区隧道温度场的变化规律。为进一步弄清温度场的演变规律，在大量寒区隧道工程的实践基础上，国内外大量学者在隧道施工期和贯穿运行阶段对隧道径向和纵向设置监测点，对隧道洞内外进行温度场的监测也越来越频繁。

2003 年，赖远明等以大坂山隧道为依托，开展隧道洞内外温度监测，确定了大坂山隧道围岩最大冻结深度，并通过温度场监测数据发现在隧道洞口安装保温防寒门的保温效果优于防雪棚；2007 年，谢红强等以鹧鸪山隧道工程为依托，对不同保温层材料及厚度的保温效果开展现场温度场试验，确定了不同保温隔热层材料的保温性能；2007 年，赖金星等以青藏高原青沙山公路隧道为依托，对隧道洞内纵向温度场和围岩径向温度场开展了长期、系统的监测，为研究青沙山公路隧道的温度场及其防冻措施积累了大量的基础数据；2007 年，张德华等以青藏铁路风火山隧道为依托，对隧道冻土段 11 个断面开挖过程及贯穿运行后隧道围岩冻结体的热力学响应规律开展现场试验研究；2008 年，陈建勋等对某寒区隧道的拱顶、拱腰、边墙和路面等部位的 11 个断面开展温度场长期监测，并采用正弦函数对隧道温度场随着时间和位置变化的测试数据进行分析；2009 年，程凡以阿拉坦隧道工程为依托，开展隧道洞内外和围岩温度场的监测研究，通过现场实测数据分析了围岩温度的变化规律及其对隧道洞内温度场和围岩地质条件之间的关系；2012 年，E. Pimentel et al. 对采用人工冻结进行软土地基加固的隧道开展温度场监测，并采用数值模拟以实测数据为基础模拟出完整的人工冻结过程；2012 年，邓刚以雀儿山隧道为依托，在隧道地质区域开展气象监测及隧道围岩深孔地温测试，获取了雀儿山隧道外界气候数据及隧道围岩温度场实测数据，为隧道的防冻保温措施的研究提供了基础数据支持；2014 年，胡熠以巴朗山隧道工程为依托，开展高海拔寒区隧道围岩温度场施工阶段气温分布特征的监测；2015 年，丁浩等以青藏高原高海拔姜路岭隧道为依托，对隧道出口段的围岩、衬砌支护结构及洞内外气候环境开展了为期 1 年的监测，根据监测数据研究了隧道纵向、径向围岩温度场和衬砌结构的温度场变化规律；2017 年，Kyoung - Jea Jun 等以韩国 Gangwon 的 104 座地处寒冷地区的隧道为依托，对隧道洞内空气、路面和衬砌表面开展长期的温度场监测，研究结果发现车辆的运行和自然风引起外部空气流入对温度场的影响较为显著；2017 年，高焱等以牡丹江至绥芬口的绥阳隧道为依托，基于现场实测数据对寒区长大隧道开展数值仿真研究，分析了不同外界环境、围岩地温、列车运行时速和列车运行频率等条件下对隧道温度场及冻结深度的影响；2020 年，王仁远等以正盘山隧道为依托，以现场实测数据为基础，采用数值分析软件研究了不同环境条件下温度场的变化规律；2021 年，孙克国等以某寒区公路隧道工程为依托，对隧道洞内径向温度场开展长期试验监测，通过单因素循环法分析了隧道外界不同气象因素和围岩初始温度对隧道径向温度场的影响；2021 年，马志富等以东北的鲜丰隧道和双丰隧道为依托，对隧道洞内径向温度场开展长期监测，研究了隧道洞口自然气压差、冻结期主导风向、线路走向和列车风等主导型影响因素条件下温度场的分布规律；2022 年，潘文韬等以九绵高速白马隧道为依托，对隧道中央排水沟开展长期温度检测，并针对隧道不同断面围岩冻结深度及排水沟冻结深度等问题提出针对性的措施；2022 年，郑泽福等以辽西隧道为依托。采用气象站和微型温度传感器对隧道洞口段温度场进行测试与分析，通过监测数据发现两端高差相差较大的特长隧道，在隧道高程低的一侧洞口段保温设防长度应适当延长；2022 年，田四明等以吉图珲铁路沿线隧道为依托，针对 10 余座寒区隧道开展隧道洞内温度场长期监测，并以实测数据为基础提出寒区隧道纵向温度场分布规律及其计算方法。

3. 温度场模型试验研究现状

现场实测是目前研究寒区隧道温度场基本变化规律最直接、有效的方法，但却存在对自变量的控制程度较低、不能被广泛推广和无关因素对测试结果的误差等局限性。因此经济性好、试验周期短、针对性高、数据准确的模型试验研究方法，能够全面、真实地反映多因素影响下寒区隧道温度场的演化规律，越来越受到研究者们的重视。

2014 年，冯强以玉希莫勒盖隧道为原型，构建了 1∶25 的隧道温度场相似模型试验系统，研究了隧道壁面铺设保温层和未铺设保温层时隧道温度场的变化规律，研究结果表明铺设 5cm 厚的保温隔热层无法完全确保隧道不发生冻融循环破坏；2015 年，渠孟飞等以巴郎山隧道为原型，研制了 1∶20 的模型试验装置，采用热电阻测温元件和应力片获取低温条件下衬砌的温度变化情况和应力变化；2016 年，张玉伟等为探究合理的寒区隧道保温形式及冻融循环对隧道衬砌结构破坏的机理，采用室内模型试验对不同环境温度下的不同厚度的聚氨酯保温隔热板开展试验；2017 年，周小涵建立了相似比为 1∶30 的寒区隧道对流-导热耦合模型试验系统，研究了隧道径向和纵向温度场分布的非稳态传热问题；2017 年，高焱等以俄罗斯 400km/h 莫喀高铁隧道为原型，研制了寒区高速铁路隧道温度场模型试验系统，研究了不同隧道洞外气温、围岩地温、列车运行速度和运行间隔等条件下隧道温度场的变化规律；2017 年，Zeng 等以马蹄形隧道为原型，研制了几何相似比为 1∶30 的相似模型，研究了隧道不同洞外气温、通风风速和机械通风条件下隧道对流传导的耦合效应和隧道温度场的变化规律；2018 年，Liu 等以大板山隧道为原型，研制了相似比为 1∶37 的寒区隧道通风条件下霜冻分布规律模型试验系统，研究了不同洞外气温和风速下温度场的演变规律；2020 年，葛志翔等以青海省典型的黄土隧道为原型，采用不同含水率的黄土作为围岩材料，有机玻璃作为衬砌和洞门材料，研制了相似比为 1∶50 的模型试验系统，开展了寒区隧道温度场-应力场的耦合作用分析研究；2021 年，郭瑞等研制了一种用于模拟寒区隧道纵向温度场分布的模型试验装置，研究了隧道长度、洞内气温和风速等多因素对寒区隧道纵向温度场分布的影响；2021 年，夏才初等研制了一套渐冻隧道演化模拟试验系统，探究了寒区隧道全周期、复杂外界环境和不同围岩地温条件下寒区隧道温度场演化规律和冻害形成机制；2022 年，郑新雨等以圭嘎拉隧道为设计原型，研制出 1：100 的寒区富水隧道冻胀演化机制，采用冷气侵入降温的方式模拟出隧道洞内周期性温度场的分布特性；2022 年，陶亮亮等以孜拉山隧道为原型，采用相似模型试验装置研究了高地温隧道在不同机械通风速度、时间和围岩地温影响下对隧道设防长度的影响。

1.2.2 寒区隧道防冻措施研究现状

1. 主流保温方法研究现状

近二十年来，国内外学者为消减冻害对寒区隧道的破坏开展了各种各样的研究，并采用了各种保温隔热和防冻措施来预防冻害对隧道结构的破坏。如图 1-1 所示，传统的保温方法是采用聚氨酯保温板作为隧道岩体的隔热层。隔热层的铺设有两种方式：一种是在初次衬砌与二次衬砌之间铺设隔热保温层［图 1-2（a）］，也称为内部隔热层；另一种是直接在二次衬砌壁面铺设隔热保温层［图 1-2（b）］，也称为外部隔热层。隔热层主要使用导热系数低的材料，如聚氨酯、酚醛泡沫、聚苯乙烯等，具有导热系数低、不易燃、

图 1-1 保温隔热层防冻措施

吸水率低、易于加工、加工厚度小等突出优点，利用隔热层低导热系数的特性减少隧道岩体的冻融破坏；但其建设维护费用高昂，有时甚至需要进行隧道全线设防。

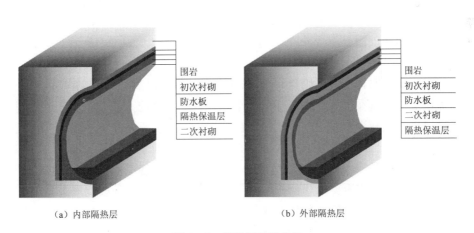

（a）内部隔热层   （b）外部隔热层

图 1-2 保温层铺设位置

寒区隧道的防冻设防长度直接影响保温层法的建设费用和维护费用，为降低建设成本，大量学者针对寒区隧道防寒设防长度进行了大量的研究。

1980 年，日本学者黑川羲范以 1500m、埋深 50～200m 的某寒区隧道洞内气温实测数据为基础，提出近似计算保温段长度和洞口气温之间的计算公式；2015 年，王秒等以

《铁路工程技术手册（隧道）》中保温水沟设防长度为参数，提出保温段设防长度与海拔高度和 1 月份平均气温之间的关系表；2016 年，夏才初等基于隧道空气-衬砌-围岩温度场理论解析解，提出不同隧道地形条件、进出口气候和围岩衬砌热力学参数条件下保温层设防长度计算公式；2017 年，郑波等以高海拔的寒区特长隧道雀儿山隧道为研究对象，以鹧鸪山隧道采用保温层防寒措施后的隧道温度场变化规律为参照，采用数值分析的方法，确定了雀儿山隧道的保温层最优铺设长度及厚度；2018 年，高焱等以 156 座寒区隧道调研数据为基础，将寒区隧道划分为高纬度地区和高海拔地区，同时以隧道实测数据为基础采用多项式分别拟合出纬度地区和高海拔地区寒区隧道最冷月平均气温与隧道设防长度之间的计算公式；2019 年，叶朝良等以国内 35 座季节性寒区冻土隧道洞内实测数据为研究对象，构建了季节性冻土区洞口温度与保温层设防长度拟合计算公式；2020 年，夏才初等以知亥代隧道为研究对象，利用 ANSYS 有限元计算软件对该隧道的保温层设防长度进行优化设计；2021 年，吴剑等在黑川希范公式的基础上引入海拔系数，提出了适用于高海拔寒区隧道设防长度地-修正经验公式；2021 年，王志杰等以金家庄隧道为依托，采用理论结合 CFD 数值模拟的研究方法研究了隧道不同曲率情况下的隧道温度场部分及保温层的设计方法，提出了不同曲率隧道的保温层设防长度计算公式；2021 年，于丽等分析了隧道围岩初始温度、自然通风和射流风机纵向通风条件下洞内温度场的变化规律，提出了一种隧道抗冻设防长度的计算方法，通过杀虎口隧道的现场实测数据与计算值对比分析，验证了该计算方法的准确性。

上述学者所提出的寒区隧道保温层设防长度确定方法，在一定程度上降低了保温层的建设费用。但随着环境温度的降低，尤其是当环境温度低于－15℃时，5cm 厚的保温层的保温效果逐渐减弱直至失效，增加保温层厚度是提升保温层的保温效果的唯一方法，但其厚度达到一定值并不能无限增加。因此保温层法具有一定的局限性和温度适应性，只适用于隧道洞内温度大于－15℃的隧道，当洞内气温低于－15℃时需采取防寒保温措施以确保隧道支护结构的抗冻能力。

2. 新型保温方法研究现状

针对于保温层防寒措施的局限性，国内部分隧道采用保温门结合保温层的组合式保温方法。大坂山隧道通过在出入口安装保温门阻隔外界冷空气的方法，根据隧道实测数据发现防寒门可以有效地减少和防止外界寒冷气流的侵入，有利于提高冬季隧道内空气的平均温度及限制隧道围岩岩体季节性冻结深度；兴安岭隧道因冻害导致衬砌渗水、衬砌开裂、拱顶网裂、拱顶空洞等病害，于 2015 年投入 1147 万元进行隧道病害整治，隧道采用碎石盲沟与衬砌间设防水板＋聚氨酯保温板＋避车洞设保温门＋竖井顶设简易井盖的隧道防寒措施。保温门的保温方式能够有效地解决隧道冻害问题，但保温门在使用过程中需要反复开关，受交通量影响较大，因此保温门只适用于冬季车流量远小于夏季车流量的偏远地区，对于高速公路和高速铁路隧道，保温门的开启和关闭必然影响隧道的正常运行且一旦保温门发生故障势必引发严重的交通事故。

针对保温层和保温门防寒保温措施的局限性。我国张国柱团队和赖金星团队分别在 2015 年和 2016 年提出了地源热泵系统 GSHP（Ground-source Heat Pump System）和电伴热系统 EHT（Electric Heat Tracing System）两种主动加热保温系统。

地源热泵的研究始于1912年，其利用浅层地热能供热制冷的高效节能技术，因其绿色环保的特点，已逐渐成为寒冷地区隧道使用的一种新型高效防冻保温技术。如图1-3所示，张国柱等以内蒙古扎敦河隧道为工程依托，利用地温能设计出地源热泵系统（GSHP）对隧道洞口段进行加热，同时提出利用地温能的隧道加热系统加热段长度、供热负荷和取热段长度的设计计算方法，系统运行期间能够确保隧道冻害的发生。

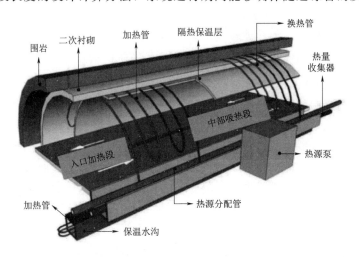

图1-3　地源热泵系统效果图

电伴热系统是一种辐射加热系统，它将电能转化为热能，通过加热电缆将热能传递到隧道，防止热量损失，并实现隧道衬砌和路面的理想供热和隔热效果。如图1-4所示，赖金星等提出一种热辐射加热系统（EHT）并将其应用于东南里隧道，该系统将电能转换成热能并通过加热电缆将热能传递到隧道衬砌和隧道路面进行供热，能够有效地预防隧道冻害问题。

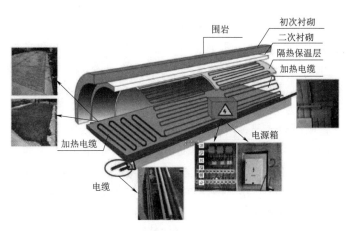

图1-4　电伴热系统效果图

上述 GSHP 和 EHT 两种新型主动加热保温系统，虽能有效预防并解决寒区隧道冻害问题，但均存在一定的应用局限性并不能推广至所有寒区隧道。其中：EHT 系统存在建设费用高、管理不便和使用年限短等劣势，EHT 系统前期建设成本大（供热电缆价格高且一定年限后需要更换），后期运行费用高（电费、维修费），加热电缆在恶劣环境条件下需要频繁更换维护，且发热电缆的塑料外包层长时间使用后容易老化；GSHP 系统存在技术含量高和外部影响大的劣势，GSHP 系统是一项绿色、节能的新技术，为寒区隧道的冻害防治提供了一种全新的途径，但其理论研究尚处于起步阶段，需开展相变-温度-渗流-应力耦合和热源耦合多场数值计算研究，同时不同地区地热能的数量差异较大，并且所需加热的隧道大多修建于地热能较少的寒冷地区，地热能的转换效率低于换热率，导致热含量不能满足隧道保温需求，严重限制了 GSHP 系统的应用。

1.2.3 空气幕研究现状

空气幕是采用特制的空气分布器喷射出一定速度的气流形成空气墙封闭洞口，减少或隔绝外界气流的侵入，或使外部气流和空气幕气流混合改变侵入内部气流温度，或使流向洞口的气流遇到空气幕墙改变气流运行方向的装置，用以维持某一工作区域的环境条件或隔绝空气墙前后区域气流的交换。空气幕因其良好的隔热、防尘功能被广泛应用于公共建筑和冷库大门隔热、矿山巷道和烟草厂隔尘及防止隧道火灾烟气的扩散。

1. 空气幕理论研究现状

国内外关于空气幕的理论研究大多是关于冷库大门、工厂车间、矿山巷道等领域。

20 世纪初 Tephilus van Kemmel 首次提出空气幕装置及其理论，通过在冷库大门上方安装循环气流装置，有效地阻隔了冷库外界空气与室内空气的流通；20 世纪 30 年代苏联科学家 N.A. 谢彼列夫和 B.B. 巴图林对空气幕的射流流谱以及结构参数进行了大量系统性的研究，为空气幕的设计应用奠定了理论基础；1999 年，汤晓丽等根据射流微元体建立了外界横向气流作用下空气幕射流轨迹方程，通过模型试验验证了该理论方程的正确性；2000 年，Guyonnaud 等将空气幕装置应用到小型矿山巷道中，研究了巷道高度、空气幕气温压差、喷口宽度、喷口角度、射流速度等参数与阻隔效率之间的关系并得出相应的计算方法，但该计算方法仅适用于高度为 0.2~1.44m 的巷道，并没有提出通用的计算公式；2002 年，刘荣华等提出了矿用巷道综合工作面的空气幕隔尘理论及空气幕墙两侧粉尘浓度数学分析模型；2005 年，王海宁建立了多机并联、单机和多机并联的空气幕引射风流的理论模型并对其进行分析，研究表明空气幕引射风流叶片的安装角度能够增加空气幕的阻隔效率和引射风流的能力；2005 年，Foster 等将空气幕应用到冷藏库上，采用 2D 模型建立了一个门宽为 1.36m 的冷藏库，门上安装宽 1.0m 的空气幕，用 CFD 软件模拟验证，预测空气幕阻隔效率最高可达到 0.84 并得出了喷嘴形状以及射流速度与空气幕运行效率的计算方法；2007 年，赵千里等提出了矿用空气幕单机、多级串联和并联下空气阻隔效率理论计算模型，采用多机并联空气幕替代风门阻隔巷道风流的流动，确定了空气幕最佳安装角度为 30°；2011 年，南晓红等以实际冷库为研究对象，建立了冷库内部空气流动、空气幕设计参数以及室外风流场等多参数的三维数值模型，研究了喷口宽度、射流速度、射流角度等参数与空气幕阻隔效率和保温效果之间的关系，研究结果发现：喷口宽度不是越宽越好，该计算模型存在最优射流速度和射流角度；2013 年，Giráldez 等在现有空气幕理论计算研究的基础上，结合试验数据采用计算流体力学 CFD 软件模拟验证，提出了一种应用于空气幕性能模拟上的半解析法；2013 年，赵玲等提出了多机联合型巷道空气幕流动计算模型，研究发现：双侧串联空气幕空气阻隔效率最优，其阻断效率随着空气幕间距的增大而减小；2013年，蒋仲安等提出了单机循环型的巷道空气幕流动计算模型，研究发现：此模型最优射流角度为30°，最佳射流宽度为8cm；2013年，Luo等对空气幕在高层建筑防烟中的射流特性开展研究，获得了空气幕轴向射流轨迹及其速度衰减规律；2015年，吴振坤对空气幕在地铁车站楼梯防火防烟技术的可行性开展研究，建立了空气幕挡烟效率与火源功率和烟气层厚度之间关系；2018年，Yu等采用FDS软件研究了空气幕阻隔火灾烟雾附近温度场的变化规律及其阻隔效率，提出了采用合成涡流法模拟空气幕平面射流特性的方法；2019年，吴永谦对酒店类建筑空气幕挡烟与烟气流动开展理论研究分析，重点分析了空气幕作用下烟气在酒店走廊的扩散情况及不同空气幕参数设置情况下的挡烟效率；2020年，聂兴信等提出了矿用空气幕联合增压模型及其理论计算方法，采用空气幕增压的方式解决高海拔地区矿井掘进工作面存在的低压缺氧问题。

2. 空气幕试验研究现状

空气幕现有试验数量较少，目前研究的大多是关于冷库大门、矿用巷道方面的。

1988年，Howell和林太郎等采用试验的方法，研究空气幕气流运动规律，并给出了最优设计方法；2002年，C. P. Tso等采用模型试验的方法，研究了冷库空气幕热质传递机理问题，基于试验数据提出了适合于冷库空气幕热质传递机理的计算模型；2003年，何嘉鹏等建立多机矿用巷道空气幕理论模型，研究了风机特性、空气流场、空气幕设计方法等参数之间的关系，并对现场试验数据与理论分析结果进行对比论证，为矿用空气幕推广提供参考；2011年，Wang等进行了一项现场试验研究，发现安装在采煤机上的空气幕具有显著的防尘效果，对可吸入粉尘的阻隔效率超过70%；2012年，聂文等采用现场试验的方法，研究了大断面巷道掘进工作面压风空气幕形成机理问题，研究发现：现场粉尘浓度明显降低，降尘率高达96.1%；2013年，Luo等通过试验和数值模拟研究了高层建筑的对向双射流风幕，结果表明，与传统风幕相比，对向双射流风幕既可以保护楼梯间免受烟雾和二氧化碳的影响，又可以加速从火源中排出烟雾和一氧化碳；2016年，J. C. Viegas采用Saltwater模型开展小规模试验研究空气幕阻挡烟雾的密封性及其对流参数，试验表明垂直向下的风幕能够避免烟气从开口处渗出；2016年，Zhang等以矿山避难室为研究对象，采用模型试验的方式对避难室阻隔有害气体侵入室内的空气幕系统的结构参数、安装位置和气流角度等影响阻隔效率的参数开展模型试验研究；2018年，王鹏飞等为研究空气幕综采工作面隔尘效果，以葛泉煤矿1528综采工作面为研究对象建立模型试验系统，研究了旋转空气幕与普通空气幕的阻尘效率。

3. 空气幕在隧道领域的研究现状

在隧道及地下工程领域，空气幕被广泛应用于隧道开挖过程中的隔尘及隧道火灾的烟气控制。

1991年，柏俊义等在关角隧道首次将空气帘幕用于隧道通风，使用空气帘幕代替铁帘幕解决了隧道运行过程中行车不安全因素，并提出空气帘幕在隧道通风领域中的设计思路、装置结构、通风效果及空气帘幕的评价方法；2011年，白兰永等设计了一种综合降尘技术并将其应用于葛泉煤矿11912轨道巷掘进工作面现场，该技术采用柔性附壁风筒与除尘风机相结合，可在隧道内产生螺旋风幕，可有效阻挡和清除隧道内产生的高浓度粉尘；2012 年，Felipe Vittori 等以法国巴黎的 A86 西地下连接线的 A13 隧道为原型构建 CFD 数值模拟模型，基于响应面法研究分析了空气幕在隧道火灾应急通风系统中的设计方法；2012 年，Cheng 等研发出了一种基于旋流风幕的吸尘抑尘系统，通过现场测量和 CFD 数值模拟结果表明，该系统产生的旋流空气幕可以显著降低隧道内不同作业地点的粉尘浓度；2012 年，Gao 等提出了一种适用于地铁隧道的对向双风幕通风辅助隧道疏散系统（OTES），通过对向双空气幕建立了一个安全、无烟雾的疏散通道用于疏散人群；2013 年，宋旭彪以油竹山隧道和团寨隧道为工程依托，通过传统通风方式和压出式空气幕技术的现场实测发现，采用压出式空气幕技术能够有效降低隧道爆破、开挖过程中粉尘和烟尘对施工人员健康的影响；2014 年，Makhsuda Juraeva 等提出采用先进计算机和辅助工程软件的试验设计（DOE）等数值优化的方法，优化用于地铁隧道通风的空气幕系统设置的最优参数，最大程度减少地铁运行产生的细小颗粒和细菌传播至站台；2015 年，Sang‐Heon Park 等以韩国 Ho‐Nam 至 Jeju 的海底隧道为研究对象，采用数值模拟研究了列车发生火灾时空气幕系统防止烟雾扩散的可行性及其优化设置方案，研究表明空气幕系统是新型铁路隧道消防安全防灾设施之一，能够最大限度地减少国内地铁站台、地下人行道以及超长海底隧道等各种地下空间发生火灾时的人员伤亡；2016 年，Makhsuda Juraeva 等通过数值和模型实验研究了地铁隧道中列车风速和空气幕射流速度对降低隧道内颗粒浓度的影响，研究发现空气幕速度和列车风速分别为 25m/s 和 3.8m/s 时能够有效降低地铁隧道中的颗粒浓度；2018 年，Yu 等采用模型试验研究了空气幕的射流速度、射流厚度和射流角度等参数对烟雾密封效果的影响，研究发现空气幕厚度对密封性的影响较小、射流角度对密封性的影响显著且最佳射流角度为与火源倾斜 30°；2018 年，Zhang 等研究了列车活塞风作用下空气幕射流速度对隧道烟气控制的影响，当空气幕的射流速度为 14m/s 时，活塞风作用下隧道内的火灾烟气几乎完全被空气幕阻挡，能够有效防止火灾烟气扩散至隧道深处；2019 年，王明年等将空气幕用于铁路地下车站的防灾控烟，采用 FDS 软件对单吹式空气幕和吹吸式空气幕的各参数进行优化分析，研究表明吹吸式空气幕更加适用于铁路地下车站；2019 年，Liu 等以山东能源枣庄矿业集团有限公司姜庄矿隧道为研究对象，基于 CFD 技术和现场测量的方法，研究了空气幕的抑制煤矿开采过程中粉尘扩散和污染的性能及其最佳运行参数；2019 年，段博文等采用 FDS 软件模拟了隧道发生火灾时，机械排烟与空气幕联合排烟能够更加有效地控制火灾的蔓延，空气幕在很大程度上能够降低烟气温度和一氧化碳浓度；2020 年，张博文等提出引射风流空气幕替代射流风机对公路隧道进行通风的方法，采用 Fluent 模拟瓮福磷矿隧道不同通风方法的通风效果，研究发现两种通风方式均能满足隧道通风标准，但同等功率条件下引射风流空气幕的利用率更高、汽车尾气浓度调控更加理想；2021 年，陶亮亮等对空气幕作用下地铁隧道发生火灾时的温度场及流场进行模拟研究，研究发现在火源两侧设置空气幕且空气幕的射流角度为 45°和空气幕的射流速度为 16～20m/s 时，空气幕能够有效减缓高温烟气的蔓延；2021 年，陈祉颖等以武汉某隧道为原型，基于正交试验采用 FDS 软件模拟空气幕不同设置参数对防烟效率的影响，并以隧道发生火灾时隧道内部人员疏散环境温度、可视度和烟雾阻隔效率为综合分析指标得出最优化的空气幕参数设置组合。

综上所述，空气幕技术目前尚未应用于寒区隧道保温领域且空气幕的现有计算理论大多是关于冷库大门、矿用巷道方面的。将空气幕技术应用于寒区隧道保温领域则迫切需要建立一套成形的隧道空气幕理论计算方法，同时寒区隧道空气幕保温系统模型试验的研究具有创新性和必要性。

第 2 章　寒区隧道温度实测及其冻害因素研究

寒区隧道温度现场实测是探究寒区隧道冻害机理的主要研究手段。本章以杀虎口隧道、吉图珲铁路沿线 10 座隧道及哈尔滨铁路局管辖区内隧道为依托，分析了寒区隧道温度场的演变规律及其冻害因素。

2.1　杀虎口隧道冻害监测研究

2.1.1　监测系统研制及实施

1. 监测系统组成

寒区运营隧道冻害防治中长期维护监测、检测系统由 4 个监测、检测模块和 4 个数据分析处理模块组成。如图 2-1 所示。

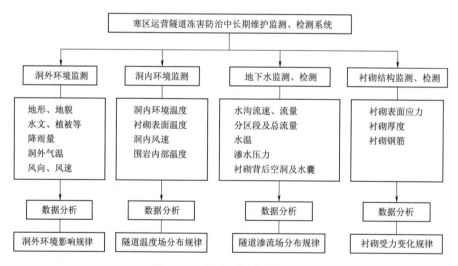

图 2-1　监测、检测系统组成

2. 监测、检测项目及测量元件、采集仪器

（1）洞外环境调查及监测项目。

①地形、地貌现场调查及测量；②水文条件、地表水、地表植被、蒸发量、入渗量等调查；③降雨量测试；④洞外气温测试；⑤洞口风向、风速测试；⑥气温、降雨量、风向、风速等历史数据调查。

（2）洞内环境监测项目。

①洞内环境温度测试；②衬砌表面温度测试；③洞内风向、风速测试；④围岩内部温

度测试。

（3）洞内地下水监测、检测项目。

①分区段水沟地下水流速、流量测试；②隧道总排水量测试；③衬砌背后空洞探测。

（4）衬砌结构监测、检测项目。

①衬砌结构表面应力测试；②衬砌厚度、钢筋检测。

杀虎口隧道量测元件及采集仪器如表 2-1 所示。

表 2-1　　　　　　　　　杀虎口隧道采用的量测元件及采集仪器

监测及检测项目	量　测　元　件		采　集　仪　器	
	名称	型号	名称	型号
洞外风速、风向	—	—	单通道风速风向采集仪	JMZX-1F
洞内风速	—	—	手持式多功能风速仪	TESTO 401-1
衬砌表面温度	—	—	自动温度记录仪	TESTO 174
衬砌表面应力	智能数码弦式应变计	JMZX-212	综合采集仪	JMZX-16A
围岩内部温度	温度传感器	JMT-36X	综合采集仪	JMZX-16A
渗水压力	智能弦式数码渗压计	JMZX-55XXHAT	综合采集仪	JMZX-16A
水沟水量	—	—	打印式流速流量仪	LJD-10
	—	—	水桶、钢尺	
水温	—	—	热电偶探针	TP-01
衬砌背后空洞	—	—	地质雷达	SIR-20
衬砌厚度	—	—	地质雷达	SIR-20
衬砌钢筋	—	—	地质雷达	SIR-20

3. 测试断面布置

（1）测试断面布置原则。

①洞外环境测点应布置在洞顶或洞外 50m 左右位置，尽量避免受洞口地形、日照等影响；②洞内环境测点沿隧道纵向布置应遵循两端密、中间疏的原则，进出口各 500m 范围内为监测重点，遇地下水丰富地段及曲线地段适当加密，沿隧道纵向监测断面一般不少于 20 个；③围岩内部温度测试断面沿纵向布置原则同洞内环境测点，围岩内部温度测试深度应根据围岩最大冻结深度确定，近浅埋及洞口位置适当增加测试深度；④衬砌表面应力测试断面应选择在洞口地段、浅埋地段、地下水丰富地段；⑤雷达检测沿隧道全长范围内，测线沿洞周范围不少于 5 条。

（2）杀虎口隧道测试断面布置。

杀虎口隧道沿纵向共布置 25 个测试断面：①进、出口洞外 50m 左右各设 1 个测试断面，主要测试洞外环境项目；②进口 500m 及出口 500m 范围内各布置 10 个量测断面，综合距洞口距离、浅埋、保温水沟、膨胀岩、突水等因素，距洞口距离分别为 0m、5m、15m、30m、50m、100m、200m、300m、400m、500m 等部位布设测试断面；③在接近隧道中心，存在地表大冲沟的高风险区段布置 2 个量测断面；④在隧道中心里程位置布置 1 个测试断面。

具体测试断面里程如表 2-2 所示。

表 2-2　　　　　　　　　　　现 场 测 试 计 划

断面序号	断面量程	距洞口距离/m	洞外气温	风向风速	降雨量	洞内环境温度	衬砌表面温度	围岩内部温度	衬砌表面应力	水沟水量	衬砌背后积水	衬砌质量缺陷	备注
①	进口洞外 50m	−50	✓	✓	✓					—			
②	DK14+703	0		✓		✓	✓			✓	✓	✓	进口
③	DK14+708	5		✓		✓	✓		✓	✓	✓	✓	
④	DK14+718	15	✓	✓		✓	✓	✓	✓	✓	✓	✓	
⑤	DK14+733	30	✓	✓		✓	✓		✓	✓	✓	✓	
⑥	DK14+753	50	✓	✓		✓	✓			✓	✓	✓	
⑦	DK14+803	100	✓	✓		✓	✓			✓	✓	✓	
⑧	DK14+903	200	✓	✓		✓	✓	✓		✓	✓	✓	
⑨	DK15+003	300	✓	✓		✓	✓	✓		✓	✓	✓	
⑩	DK15+103	400	✓	✓		✓	✓	✓		✓	✓	✓	
⑪	DK15+203	500	✓	✓		✓	✓			✓	✓	✓	
⑫	DK16+000			✓		✓	✓		✓	✓	✓	✓	地表冲沟
⑬	DK16+100			✓		✓	✓	✓	✓	✓	✓	✓	地表冲沟
⑭	DK16+200			✓		✓	✓					✓	隧道中心
⑮	DK17+153	500		✓		✓	✓			✓	✓	✓	
⑯	DK17+253	400		✓		✓	✓			✓	✓	✓	
⑰	DK17+353	300		✓		✓	✓			✓	✓	✓	
⑱	DK17+453	200		✓		✓	✓	✓		✓	✓	✓	
⑲	DK17+553	100		✓		✓	✓			✓	✓	✓	
⑳	DK17+603	50		✓		✓	✓			✓	✓	✓	
㉑	DK17+623	30		✓		✓	✓			✓	✓	✓	
㉒	DK17+638	15		✓		✓	✓	✓	✓	✓	✓	✓	
㉓	DK17+648	5		✓		✓	✓		✓	✓	✓	✓	
㉔	DK17+653	0		✓		✓				✓	✓	✓	出口
㉕	出口洞外 50m	−50	✓	✓	✓	✓				✓	✓	✓	
	测试元件		—	—	—	温度传感器	温度传感器	温度传感器	混凝土应变计	—	—	—	—
	测试仪器		气象站	风向风速仪	气象站	(自动)采集仪	(自动)采集仪	(自动)采集仪	(自动)采集仪	流速流量计	地质雷达	地质雷达	—
	量测频率/(d/次)		1	1	1	1	1	1	1	1	1次	1次	—
	量测周期/a		1	1	1	1	1	1	1				—

4. 测点布置

(1) 洞外环境测试。

洞外气温、降雨量、风向、风速测试是将自动气象站或风向风速仪布置在洞外约50m位置。

(2) 洞内环境温度及衬砌表面温度测试。

洞内环境温度及衬砌表面温度测点布设于衬砌表面，采用膨胀螺栓或粘结剂将温度传感器固定在衬砌结构上。测点布置如图2-2所示。

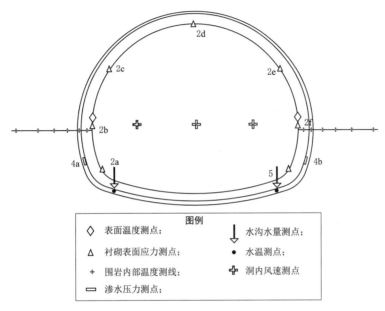

图 2-2 测点布置图

(3) 围岩内部温度测试。

围岩内部温度测试测线在隧道边墙位置，沿径向布置，测点位于围岩内部不同深度处，测点布置如图2-2和图2-3所示。测孔长3.5m，每测孔设7个测点，分别位于衬砌中心、喷层中心、距喷层外围岩壁面0.5m、1.0m、1.5m、2.0m、2.5m处。

图 2-3 围岩内部温度测点沿深度布置图

(4) 衬砌表面应力测试。

衬砌表面应力测点沿拱墙衬砌环向布置，分别位于拱顶、左右拱脚、左右边墙、左右墙脚位置，如图2-2所示。

(5) 水沟水量测试。

在左右侧水沟位置进行水量测试，如图2-2所示。

(6) 衬砌背后空洞及积水探测。

采用地质雷达进行衬砌背后空洞及积水探测，地质雷达测线分别位于拱顶、左右拱脚、左右边墙部位，如图 2-4 所示。

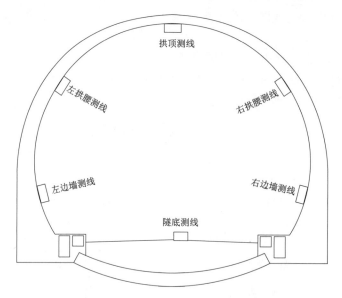

图 2-4　衬砌结构雷达探测测线布置图

5. 测点埋设及数据采集

（1）测点埋设前准备工作。

测点埋设前的准备工作包括：量测断面编号、测点编号、量测元件编号、量测仪器调试、导线准备等工作，如图 2-5 所示。

图 2-5　测点埋设前的准备工作

（2）洞内外风速风向测试。

洞外风速风向采用 JMZX-1F 单通道风速风向采集模块，该模块采用高精度和高稳定性的时钟走时电路，内置数据存储器，能定时自动开启测量数据并存储。将风速、风向探头安装于洞顶开阔位置，信号线引入洞内。进、出口各安装 1 台，如图 2-6 所示。

洞内风速采用 TESTO 410-1 型手持多功能风速仪人工测试。

图 2-6　进出口洞外风向风速探头安装

（3）洞内环境温度测试。

采用膨胀螺栓或粘结剂将 TESTO 174 温度记录仪固定在衬砌结构上，然后用保护盒加锁保护，如图 2-7 所示。TESTO 174 温度记录仪采用 NTC 内置传感器，量程－30～70℃，精度±0.5℃，分辨率 0.1℃，测量频率 1min～24h。定期将温度记录仪连接电脑进行数据采集。

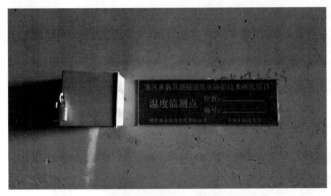

图 2-7　洞内环境温度测试

（4）围岩内部温度测试。

采用风钻成孔，孔径 40～50mm，孔深 3.5m，成孔后进行清孔，将提前加工好的围岩内部温度探头及测杆推入测孔对应位置，引出导线后，向孔内压注水泥浆。测孔布置在隧道边墙便于风钻成孔部位，应略向下倾斜，便于注浆作业，否则应留出注浆管空间。

围岩内部温度探头及测杆需提前加工好，为了定位测点，先用材质较好的木料（或竹条或塑料）加工成长 3.4mm、宽 30mm、厚 20mm 的木条，在木条的一个面上刻出长 3.2mm、宽 10mm、深 5mm 的槽子；将木条的前端加工成锥尖形。然后用粘结胶将温度传感器（JMT-36X）按设计位置粘固在刻好槽子的木条上，并将测线用塑料管保护，如图 2-8 所示。导线引出后采用测试仪人工采集数据，或连接自动采集模块进行自动采集。

（5）衬砌表面应力测试。

采用膨胀螺栓或粘结剂将混凝土表面应变计（JMZX-212）固定在衬砌结构表面，

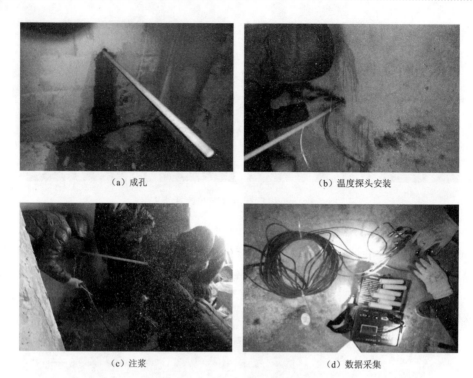

（a）成孔　　　　　　　　　（b）温度探头安装

（c）注浆　　　　　　　　　（d）数据采集

图 2-8　围岩内部温度测试

采用保护盒进行保护。直接连接测试仪人工采集数据，或连接自动采集仪进行自动数据采集，如图 2-9 所示。

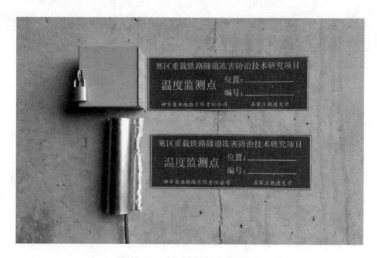

图 2-9　衬砌表面应力测试

（6）隧道水量、水温测试。

洞内水沟采用流速流量计，洞口总排水量用容器时间法进行测试。水温采用温度探头测试，如图 2-10、图 2-11 所示。

图 2-10　洞内水沟水量测试　　　　　　　图 2-11　洞外水温测试

2.1.2　洞外环境调查及测试结果

1. 历史气温

统计 2011 年 1 月 1 日至 2016 年 1 月 31 日当地气温详细变化情况、有气象记录以来的月平均气温及极端气温情况，如图 2-12、图 2-13 及表 2-3 所示。

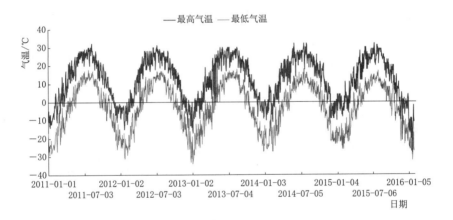

图 2-12　杀虎口地区历史气温变化曲线（2011-01-01—2016-01-31）

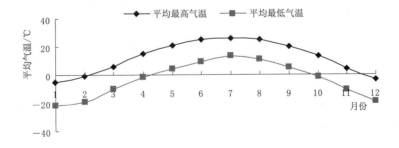

图 2-13　杀虎口地区月平均气温变化曲线（有气象记录以来）

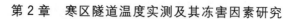

表 2-3　　　　　　杀虎口地区历史气温统计表（2011-01-01—2016-01-31）　　　　　　单位：℃

年份	气温	月份												全年
		1	2	3	4	5	6	7	8	9	10	11	12	
2011	最高	-4	8	17	23	25	28	30	32	23	21	12	1	32
	最低	-29	-27	-23	-10	-4	7	10	9	-3	-10	-16	-26	-29
	平均	-16.5	-8.0	-4.2	5.5	11.3	18.7	19.9	19.5	11.2	6.4	-0.5	-11.0	5.07
2012	最高	-2	7	15	25	28	30	31	28	24	19	12	2	31
	最低	-31	-29	-22	-8	0	5	12	4	-4	-10	-19	-33	-33
	平均	-14.7	-11.6	-2.0	8.1	14.8	17.4	20.5	18.1	11.0	5.2	-5.4	-13.5	4.10
2013	最高	6	11	19	26	30	30	30	30	25	24	12	5	30
	最低	-34	-25	-19	-15	0	4	12	4	-4	-9	-22	-27	-34
	平均	-12.8	-7.7	1.6	4.8	15.2	18.6	20.3	19.2	13.2	6.1	-3.6	-10.5	5.45
2014	最高	9	10	21	25	32	28	32	32	26	22	11	1	32
	最低	-26	-27	-19	-8	-5	5	9	5	2	-6	-21	-23	-27
	平均	-10.2	-8.2	0.7	9.1	13.3	17.2	20.2	17.4	13.2	7.9	-2.2	-12.3	5.60
2015	最高	4	11	19	28	30	29	32	29	24	20	15	2	32
	最低	-26	-26	-22	-10	-3	4	9	7	0	-11	-22	-23	-26
	平均	-10.1	-9.0	-0.4	6.7	12.9	16.6	19.7	18.1	12.6	6.8	-1.6	-8.6	5.31
2016	最高	4	—	—	—	—	—	—	—	—	—	—	—	—
	最低	-32	—	—	—	—	—	—	—	—	—	—	—	—
	平均	-17.7	—	—	—	—	—	—	—	—	—	—	—	—
有气象记录以来	平均最高气温	-5	-1	6	15	21	25	26	25	20	13	4	-3	—
	平均最低气温	-22	-19	-10	-2	4	9	13	11	5	-2	-11	-19	—
	极端最高气温	10 (1979)	15 (1992)	24 (2003)	33 (1994)	33 (1982)	38 (2005)	36 (2005)	34 (1972)	33 (1998)	27 (1987)	20 (1990)	11 (1994)	—
	极端最低气温	-40 (1971)	-38 (1957)	-29 (1988)	-19 (1963)	-13 (1995)	-2 (1962)	2 (1969)	0 (1979)	-8 (1985)	-14 (1984)	-32 (1993)	-38 (1960)	—

　　由图 2-12、图 2-13 及表 2-3，杀虎口地区环境气温随季节呈规律变化，最冷月为 1 月，历史平均最高及最低气温分别为 -5℃、-22℃；最热月为 7 月，历史平均最高及最低气温为 26℃、13℃；2011 年 1 月 1 日至 2016 年 1 月 31 日期间极端最低气温为 -34℃，发生在 2013 年 1 月；有气象记录以来极端最低气温为 -40℃，发生在 1971 年 1 月。

　　2. 历史降水量

　　杀虎口地区平均年降水量为 423mm，雨季主要集中在每年 7—8 月，占全年降水量的近 50%。月平均降雨量分布如图 2-14 所示。

　　3. 历史风向、风速

　　统计 2011 年 1 月 1 日至 2016 年 1 月 31 日该地区风向、风速变化，如图 2-15～图 2-18 所示。

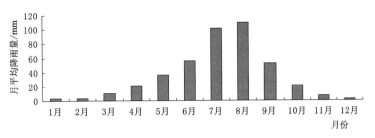

图 2-14 杀虎口地区年降水量分布图

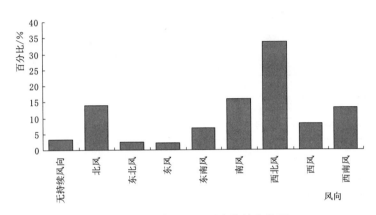

图 2-15 杀虎口地区风向统计柱状图

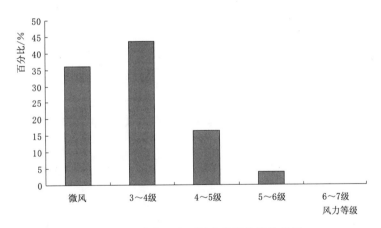

图 2-16 杀虎口地区风力等级统计柱状图

风力等级与风速的对应关系如表 2-4 所示。

表 2-4 风力等级特征对应表

风力等级	名称	风速		风压 $W_O = V_2/16$ kg/m², 10N/m²	陆地地面物体象征
		km/h	m/s		
0	无风	<1	0~0.2	0~0.0025	静，烟直上
1	软风	1~5	0.3~1.5	0.0056~0.014	烟能表示方向，但风向标不动

风力等级	名称	风速		风压 $W_O = V_2/16$	陆地地面物体象征
		km/h	m/s	kg/m², 10N/m²	
2	轻风	6～11	1.6～3.3	0.016～0.68	人面感觉有风，风向标转动
3	微风	12～19	3.4～5.4	0.72～1.82	树叶及微枝摇动不息，旌旗展开
4	和风	20～28	5.5～7.9	1.89～3.9	能吹起地面灰尘和纸张，树的小枝摇动
5	清风	29～38	8.0～10.7	4～7.16	有叶的小树摇摆，内陆的水面有小波
6	强风	39～49	10.8～13.8	7.29～11.9	大树枝摇动，电线呼呼有声，举伞困难
7	疾风	50～61	13.9～17.1	12.08～18.28	全树动摇，迎风步行感觉不便
8	大风	62～74	17.2～20.7	18.49～26.78	树枝折毁，人向前行感觉阻力甚大
9	烈风	75～88	20.8～24.4	27.04～37.21	建筑物有小损
10	狂风	89～102	24.5～28.4	37.52～50.41	可拔起树来，损坏建筑物
11	暴风	103～117	28.5～32.6	50.77～66.42	陆上少见，有则必有广泛破坏
12	飓风	118～133	32.7～36.9	66.42～85.1	陆上绝少，其摧毁力极大

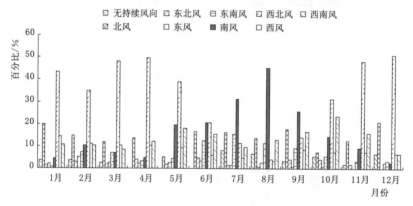

图 2-17　杀虎口地区按月份风向统计柱状图

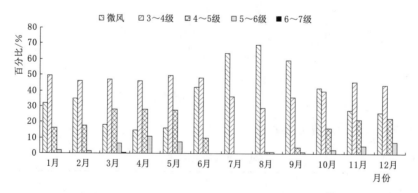

图 2-18　杀虎口地区按月份风力等级统计柱状图

由图 2-15、图 2-17，全年以西北风为主，占 33.6%，其次为南风、北风和西南风，分别占 15.9%、14.0%、13.3%。其中 1—5 月、10—12 月均以西北风为主，其中 3 月、

4月、11月、12月西北风均占该月份风向的50%左右；6—9月以南风为主，其中8月南风占该月份风向的45%。

由图2-16、图2-18，全年风力等级以3～4级为主，占43.5%；其次为微风占36.1%；4～5级风占16.6%，5～6级风占3.8%，6～7级风极少见。1—6月、11—12月风力等级以3～4级为主，占该月份风力等级的近50%；7—9月风力等级以微风为主；3—5月风力等级4～5级及5～6级所占比重较大，其次为11—12月、1—2月。

综上，1—5月及10—12月的较冷月，以西北风为主，风力较大；6—8月的较热月，以南风为主，风力较小。

4. 实测洞口气温

在隧道进、出口分别安装温度自动记录仪，每0.5h记录一次温度。数据采集时间段为2015-01-29—2016-01-28的1年期。

如图2-19所示为隧道进口洞外气温时间曲线，图2-20所示为隧道出口洞外气温时间曲线，图2-21所示为隧道进口洞外一天内不同时刻温度变化曲线，图2-22所示为隧道出口洞外一天内不同时刻温度变化曲线，图2-23所示为隧道洞口最高气温与当地最高气温对比，图2-24所示为隧道洞口最低气温与当地最低气温对比。

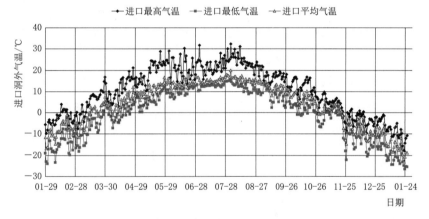

图2-19 进口洞外气温时间曲线

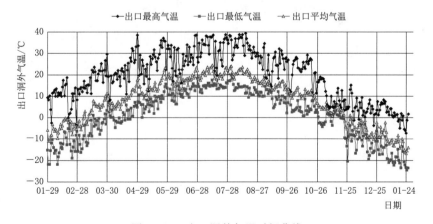

图2-20 出口洞外气温时间曲线

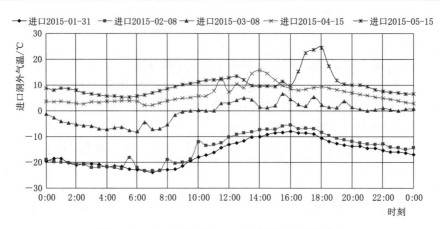

图 2-21　进口洞外气温一天内不同时刻变化曲线

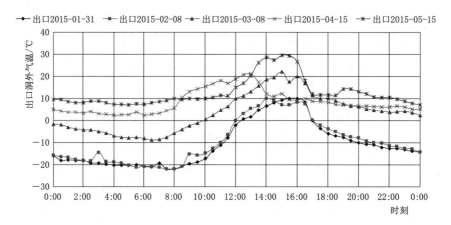

图 2-22　出口洞外气温一天内不同时刻变化曲线

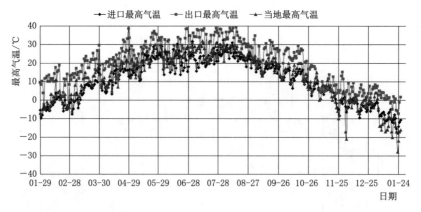

图 2-23　隧道洞口最高气温与当地最高气温时间曲线对比

由图 2-18、图 2-20，隧道出口受日照影响，最高气温明显高于进口；不考虑日照影响的进口最高气温在 11-20 至次年 03-10 期间大多在 0℃以下；进出口最低气温在 10-10 至次年 04-20 期间多在 0℃以下；04-20—10-10 期间最高、最低气温均在 0℃以上。

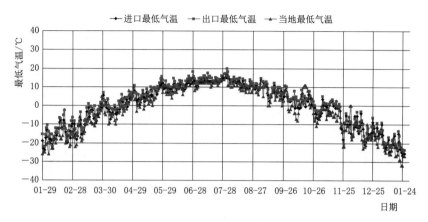

图2-24 隧道洞口最低气温与当地最低气温时间曲线对比

由图2-21、图2-22，隧道进、出口气温每天呈规律性变化，一般6：00—8：00取得最低值，14：00—16：00取得最高值；白天气温波动较大，夜晚气温波动较小；出口受日照影响，气温波动幅度较大。

由图2-23、图2-24，隧道洞口最高及最低气温与当地气温有一定差距，主要是由于当地气温是在避免日照、气流影响的百叶窗中取得，洞口气温是在自然条件下取得所致。隧道进口迎风、背阴，故最高气温低于当地最高气温，而出口背风、向阳，故最高气温高于当地最高气温。进出口最低气温一般高于当地最低气温。

测试时间段内洞外环境温度：①进口最低为−26.4℃（2016-01-24 5：30），最高为32.4℃（2015-08-02 18：00）；②出口最低为−24.6℃（2016-01-25 8：00），最高为39.3℃（2015-08-15 16：00）；③出口受迎光侧日照影响明显，出口最高气温明显高于进口。④每天气温变化：早晨6：00—8：00取得最低值，下午14：00—16：00取得最高值。

2.1.3 洞内环境测试结果

1. 洞内环境温度

（1）不同位置测点温度时间曲线。

1）最高温度。

进口段10个测点洞内最高温度随时间的变化曲线如图2-25所示，出口段10个测点洞内环境最高温度随时间的变化曲线如图2-26所示，隧道中心区段3个测点洞内环境最高温度随时间的变化曲线如图2-27所示。

由图2-25～图2-27，洞内最高温度受洞外气温影响呈季节变化；距洞口越近，洞内温度越接近洞外气温；距洞口越远，受洞外气温影响越小，且呈现出洞内"冬暖夏凉"的规律。如测试期间最冷日2016-01-24当日当地最高气温−22℃，而距进口500m测点处最高温度仅为−7.5℃；在测试期间最热日2015-07-12当日最高气温32℃，而距进口500m测点处最高温度仅为12.5℃。出口段测点中距出口0m及5m测点受日照影响显著，其余规律与进口段相同；隧道中心区段测点受位置影响较小，即隧道中心处洞内最高温度基本相等。

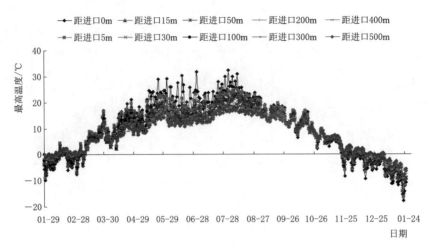

图 2-25　进口段测点洞内最高温度时间曲线

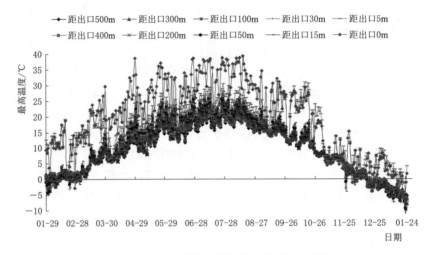

图 2-26　出口段测点洞内最高温度时间曲线

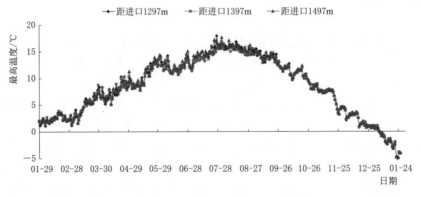

图 2-27　中心区段测点洞内最高温度时间曲线

2）最低温度。

进口段 10 个测点洞内环境最低温度随时间的变化曲线如图 2-28 所示，出口段 10 个测点洞内环境最低温度随时间的变化曲线如图 2-29 所示，隧道中心区段 3 个测点洞内环境最低温度随时间的变化曲线如图 2-30 所示。

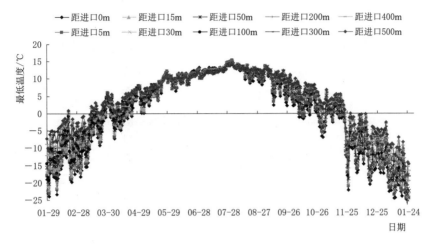

图 2-28　进口段测点洞内最低温度时间曲线

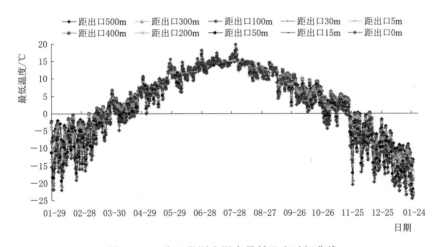

图 2-29　出口段测点洞内最低温度时间曲线

由图 2-28～图 2-30，洞内最低温度同样受洞外气温影响呈季节变化；进出口洞内最低温度不再受日照影响，进出口测点变化规律一致；10 月至次年 3 月较冷月洞内温度受测点位置影响显著，即洞口温度低，洞内温度高，而 4—9 月较热月洞内温度受测点位置影响不显著，不同位置测点的洞内温度基本相等。隧道中心区段测点受位置影响不明显，即隧道中心处洞内最低温度基本相等。

3）平均温度。

进口段 10 个测点洞内环境平均温度随时间的变化曲线如图 2-31 所示，出口段 10 个

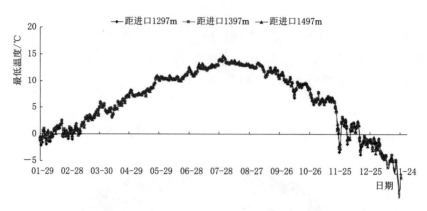

图 2-30　中心区段测点洞内最低温度时间曲线

测点洞内环境平均温度随时间的变化曲线如图 2-32 所示，隧道中心区段 3 个测点洞内环境平均温度随时间的变化曲线如图 2-33 所示。

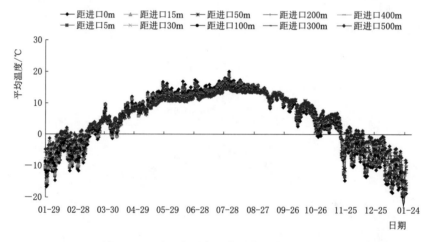

图 2-31　进口段测点洞内平均温度时间曲线

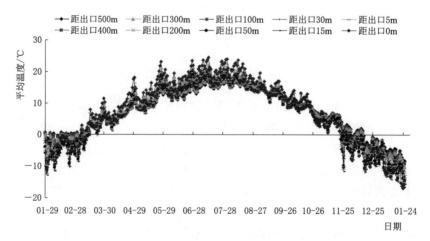

图 2-32　出口段测点洞内平均温度时间曲线

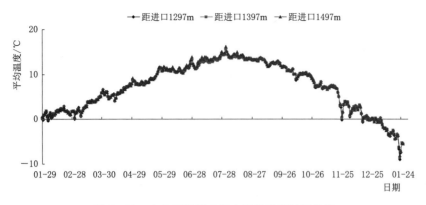

图 2-33　中心区段测点洞内平均温度时间曲线

由图 2-31～图 2-33，洞内平均温度受洞外气温影响呈季节变化；出口段受日照影响洞口位置测点平均温度较高；进口段 10 月至次年 3 月较冷月洞内温度受测点位置影响显著，即洞口温度低，洞内温度高，而 4—9 月较热月洞内温度受测点位置影响不显著，不同位置测点的洞内温度基本相等；出口段受日照影响无论较冷月还是较热月，洞内平均气温均受测点位置影响显著，隧道中心区段测点受位置影响不明显，即隧道中心处洞内平均温度基本相等。

（2）不同位置测点温度沿隧道纵向分布曲线。

取某日同一时刻洞内测点温度绘制温度沿隧道纵向分布曲线，如图 2-34～图 2-38 所示分别为每日 0：00、7：00、12：00、15：00、19：00 时刻洞内环境温度沿隧道纵向分布曲线。图 2-39 所示为洞内环境平均温度沿隧道纵向分布曲线。

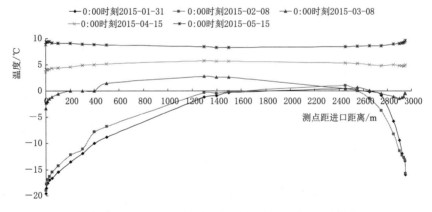

图 2-34　0：00 时刻洞内环境温度沿隧道纵向分布曲线

由图 2-36～图 2-39，1—3 月洞内环境温度呈洞口低、中间高分布规律，而 4—5 月洞内环境温度呈洞口高、中间低的分布规律，即隧道洞内"冬暖夏凉"。7：00 时刻全天温度最低，15：00 时刻全天温度最高，洞口区段受每日气温变化影响较大，隧道中间区段受每日气温变化影响较小。

（3）不同日期不同时刻的洞内温度为 0℃ 的位置统计。

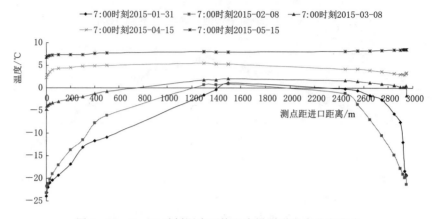

图 2-35　7：00 时刻洞内环境温度沿隧道纵向分布曲线

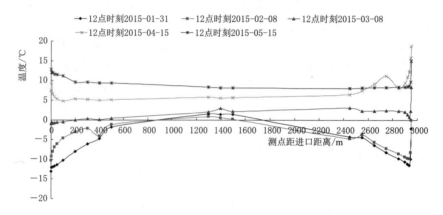

图 2-36　12：00 时刻洞内环境温度沿隧道纵向分布曲线

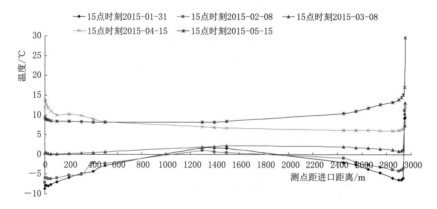

图 2-37　15：00 时刻洞内环境温度沿隧道纵向分布曲线

4—9 月各测点温度一般在 0℃以上，10 月至次年 3 月洞口段测点 0℃以下，隧道中间测点 0℃以上或以下，不同日期不同时刻的 0℃以下的范围不同，0℃以下的测点距洞口距离统计如表 2-5 所示。不同日期最低温度沿隧道纵向分布曲线中 0℃位置统计如表 2-6 所示。

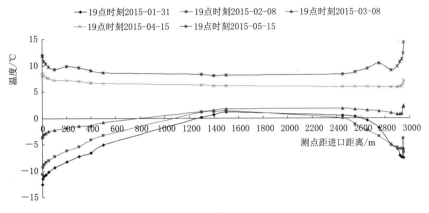

图 2－38　19：00 时刻洞内环境温度沿隧道纵向分布曲线

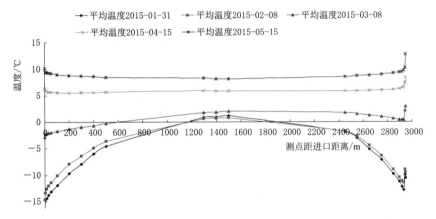

图 2－39　洞内环境平均温度沿隧道纵向分布曲线

表 2－5　　　　　　　　　　　　典型日期不同时刻 0℃ 位置统计表

日　期	时刻	进口气温 /℃	距进口距离 /m	距出口距离 /m	出口气温 /℃	日期	时刻	进口气温 /℃	距进口距离 /m	距出口距离 /m	出口气温 /℃
2015－01－31	0：00	−19.6	1475	400	−16.0	2015－03－08	0：00	−3.4	400	300	−0.5
	7：00	−23.9	1400	600	−19.3		7：00	−1.0	750	30	−1.7
	12：00	−13.0	850	1200	−2.2		12：00	0.3	200	0	8.3
	15：00	−8.6	950	1050	9.4		15：00	−3.6	0	0	13.1
	19：00	−12.6	1250	350	−7.6		19：00	−2.8	800	0	2.3
2015－02－08	0：00	−19.0	1475	400	−15.7	2015－04－15	0：00	3.6	0	0	5.0
	7：00	−23.2	1200	950	−21.3		7：00	2.3	0	0	3.4
	12：00	−7.1	800	1400	0.0		12：00	7.4	0	0	18.8
	15：00	−10.6	1000	1150	7.1		15：00	8.1	0	0	12.1
	19：00	−14.7	950	500	−6.5		19：00	6.3	0	0	7.1

表2-6　　　　不同日期最低温度沿隧道纵向分布曲线中0℃位置统计表

日　期	进口气温 /℃	距进口距 离/m	距出口距 离/m	出口气温 /℃	日期	进口气温 /℃	距进口距 离/m	距出口距 离/m	出口气温 /℃
2015-01-29	-19.0	1475	1475	-15.3	2015-03-04	-18.2	1250	1400	-16.4
2015-01-30	-23.0	1475	1475	-21.9	2015-03-05	-16.4	1200	1400	-14.7
2015-01-31	-23.9	1475	1475	-21.9	2015-03-06	-10.8	850	1300	-10.2
2015-02-01	-17.2	1200	1350	-15.6	2015-03-07	-10.5	700	1100	-8.5
2015-02-02	-13.2	1250	1300	-12	2015-03-08	-7.7	1150	500	-3.5
2015-02-03	-13.2	1475	1475	-10.4	2015-03-09	-15.4	1475	1475	-11.6
2015-02-04	-17.0	1475	1475	-14	2015-03-10	-15.4	1200	1300	-13.2
2015-02-05	-18.3	1400	1400	-16.7	2015-03-11	-14.2	1300	1300	-12.0
2015-02-06	-18.0	1250	1300	-15.5	2015-03-12	-10.1	900	1050	-8.4
2015-02-07	-18.7	1475	1475	-15.3	2015-03-13	-10.3	850	850	-7.5
2015-02-08	-23.3	1475	1475	-22	2015-03-14	-3.2	550	500	-1.3
2015-02-09	-18.7	1250	1475	-18.4	2015-03-15	-8.0	250	1150	-8.7
2015-02-10	-17.4	1475	1475	-16.6	2015-03-16	-1.3	30	0	1.0
2015-02-11	-14.5	1475	1475	-12	2015-03-17	-6.1	350	400	-4.2
2015-02-12	-16.0	1100	1300	-14.1	2015-03-18	-2.8	180	80	-0.5
2015-02-13	-14.9	1100	1350	-14.7	2015-03-19	-2.6	40	600	-3.5
2015-02-14	-12.2	1100	1450	-12.4	2015-03-20	-2.6	100	200	-1.4
2015-02-15	-9.1	1050	950	-6.6	2015-03-21	-7.0	450	450	-5.4
2015-02-16	-7.7	900	1200	-7.1	2015-03-22	-5.0	400	100	-0.3
2015-02-17	-12.1	1000	950	-9.5	2015-03-23	-9.2	500	850	-7.8
2015-02-18	-12.6	1050	1250	-12.8	2015-03-24	-8.2	500	750	-6.0
2015-02-19	-7.8	900	900	-5.2	2015-03-25	-5.3	350	450	-2.6
2015-02-20	-2.4	300	500	-2.6	2015-03-26	-2.3	30	350	-2.2
2015-02-21	-14.2	1475	1475	-12.5	2015-03-27	-2.1	50	150	-0.5
2015-02-22	-19.1	1475	1475	-15.7	2015-03-28	0.9	0	0	1.7
2015-02-23	-19.8	1150	1450	-19.1	2015-03-29	-1.1	15	400	-3.1
2015-02-24	-13.6	1300	1475	-13.8	2015-03-30	3.6	0	0	3.3
2015-02-25	-13.8	1250	1250	-10.9	2015-03-31	5.4	0	0	6.8
2015-02-26	-17.5	1400	1400	-15.9	2015-04-01	2.3	0	0	2.5
2015-02-27	-11.2	1475	1475	-8.2	2015-04-02	1.9	0	0	0.8
2015-02-28	-9.7	1100	1150	-6.4	2015-04-03	-1.1	15	0	0.0
2015-03-01	-16.5	1200	1450	-16.0	2015-04-04	3.4	0	0	3.5
2015-03-02	-10.0	1100	1150	-8.3	2015-04-05	-1.9	50	0	0.0
2015-03-03	-15.6	1475	1475	-12.6	2015-04-06	-3.5	300	50	-1.3

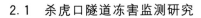

续表

日 期	进口气温/℃	距进口距离/m	距出口距离/m	出口气温/℃	日 期	进口气温/℃	距进口距离/m	距出口距离/m	出口气温/℃
2015-04-07	-7.3	450	200	-4.8	2015-11-16	0.7	0	0	1.1
2015-04-08	-4.5	350	80	-1.6	2015-11-17	-1.3	30	0	0.8
2015-04-09	-3.7	200	150	-2.2	2015-11-18	2.7	0	0	2.4
2015-04-10	-2.2	50	250	-2.3	2015-11-19	-1.3	30	0	-0.2
2015-04-11	-0.7	15	30	-0.1	2015-11-20	-1.0	15	15	-0.4
2015-04-12	-4.6	400	50	-2.5	2015-11-21	-0.7	30	0	0.9
2015-04-13	-4.8	400	100	-2.6	2015-11-22	-2.5	200	10	-0.5
2015-04-14	-3.5	100	100	-1.9	2015-11-23	-12.0	800	800	-9.4
2015-04-15	2.3	0	0	2.4	2015-11-24	-12.7	1000	800	-10.0
2015-04-16	-2.1	100	0	1.3	2015-11-25	-18.0	1495	1495	-13.4
2015-04-17	-1.2	15	50	-1.2	2015-11-26	-22.1	1495	1495	-20.5
2015-04-18	3.6	15	30	5.9	2015-11-27	-9.6	800	800	-8.9
2015-04-19	1.8	0	0	3.4	2015-11-28	-5.3	500	500	-4.0
2015-04-20	-1.3	15	30	-0.7	2015-11-29	-10.0	800	800	-8.0
04-21—10-27	—	0	0	—	2015-11-30	-10.2	800	800	-11.2
2015-10-28	-4.0	100	150	-2.6	2015-12-01	-8.0	800	400	-5.9
2015-10-29	-4.3	100	30	-2.4	2015-12-02	-9.6	800	800	-8.3
2015-10-30	-6.7	300	100	-3.2	2015-12-03	-14.6	1495	1495	-8.7
2015-10-31	-6.9	300	150	-4.4	2015-12-04	-17.1	1495	1495	-16.8
2015-11-01	-5.4	100	30	-2.6	2015-12-05	-16.4	1495	1495	-15.2
2015-11-02	-5.4	200	150	-3.2	2015-12-06	-11.7	800	800	-10.1
2015-11-03	-3.7	0	80	-2.1	2015-12-07	-5.4	800	800	-6.9
2015-11-04	3.6	0	0	5.0	2015-12-08	-11.1	800	800	-9.4
2015-11-05	0.0	0	0	1.7	2015-12-09	-5.4	800	800	-3.2
2015-11-06	0.5	0	0	1.4	2015-12-10	-11.7	800	800	-10.6
2015-11-07	0.1	0	0	1.0	2015-12-11	-14.6	800	800	-13.4
2015-11-08	0.2	0	0	1.1	2015-12-12	-10.3	800	500	-8.6
2015-11-09	-1.0	20	50	-1.9	2015-12-13	-4.0	800	400	-3.1
2015-11-10	-2.6	0	200	-3.7	2015-12-14	-9.0	1495	1495	-7.8
2015-11-11	0.4	0	0	1.0	2015-12-15	-12.4	1495	1495	-9.8
2015-11-12	1.9	0	0	1.9	2015-12-16	-18.7	1495	1495	-16.2
2015-11-13	2.3	0	0	2.6	2015-12-17	-20.5	1495	1495	-19.7
2015-11-14	2.8	0	0	3.4	2015-12-18	-19.4	1495	1495	-17.8
2015-11-15	-0.1	0	0	1.2	2015-12-19	-17.2	1495	1495	-14.5

日　期	进口气温 /℃	距进口距 离/m	距出口距 离/m	出口气温 /℃	日期	进口气温 /℃	距进口距 离/m	距出口距 离/m	出口气温 /℃
2015 - 12 - 20	-11.9	1495	1495	-11.9	2016 - 01 - 08	-22.3	1495	1495	-20.3
2015 - 12 - 21	-15.2	1495	1495	-16.5	2016 - 01 - 09	-19.5	1495	1495	-19.8
2015 - 12 - 22	-16.4	1495	1495	-16.4	2016 - 01 - 10	-17.9	1495	1495	-16.7
2015 - 12 - 23	-16.0	1495	1495	-15.7	2016 - 01 - 11	-24.5	1495	1495	-21.0
2015 - 12 - 24	-14.1	1495	1495	-11.1	2016 - 01 - 12	-24.4	1495	1495	-22.3
2015 - 12 - 25	-8.7	1495	1495	-6.3	2016 - 01 - 13	-22.3	1495	1495	-21.0
2015 - 12 - 26	-11.8	1495	1495	-11.1	2016 - 01 - 14	-18.6	1495	1495	-18.3
2015 - 12 - 27	-16.0	1495	1495	-15.1	2016 - 01 - 15	-20.7	1495	1495	-18.6
2015 - 12 - 28	-17.1	1495	1495	-17.3	2016 - 01 - 16	-15.8	1495	1495	-14.8
2015 - 12 - 29	-11.5	1495	1495	-9.3	2016 - 01 - 17	-21.0	1495	1495	-20.0
2015 - 12 - 30	-16.0	1495	1495	-13.4	2016 - 01 - 18	-22.6	1495	1495	-21.3
2015 - 12 - 31	-17.3	1495	1495	-17.1	2016 - 01 - 19	-24.0	1495	1495	-23.5
2016 - 01 - 01	-14.5	1495	1495	-14.0	2016 - 01 - 20	-14.9	1495	1495	-13.6
2016 - 01 - 02	-14.7	1495	1495	-14.1	2016 - 01 - 21	-19.3	1495	1495	-16.0
2016 - 01 - 03	-9.9	1495	1495	-8.9	2016 - 01 - 22	-23.1	1495	1495	-20.6
2016 - 01 - 04	-15.6	1495	1495	-13.0	2016 - 01 - 23	-24.9	1495	1495	-22.2
2016 - 01 - 05	-20.1	1495	1495	-19.3	2016 - 01 - 24	-26.4	1495	1495	-23.3
2016 - 01 - 06	-22.6	1495	1495	-19.7	2016 - 01 - 25	-25.2	1495	1495	-24.6
2016 - 01 - 07	-21.1	1495	1495	-21.0	2016 - 01 - 26	-25.5	1495	1495	-23.6

注　距进、出口距离均为 1475m 时表示隧道全长均处于 0℃ 以下，均为 0℃ 时表示全长均为正温。

由表 2-5、表 2-6，不同日期不同时刻的隧道洞内 0℃ 位置波动较大；每天不同时刻的 0℃ 位置在 0：00、7：00 时刻距洞口距离较远，而在 12：00、15：00 的 0℃ 位置距洞口距离较近；11-23 至次年 03-11 期间最低温度曲线沿隧道纵向分布的 0℃ 位置一般距洞口 1000m 以上，03-12—04-20 及 10-27—11-23 期间 0℃ 位置较小，04-20—10-27 以后全洞均处于 0℃ 以上。不同日期、不同时刻 0℃ 位置的波动首先受外界气温影响最大，其次为风速和列车运行的影响。

（4）不同位置测点温度日变化曲线。

选取距进、出口 50m、100m、300m、500m 及隧道中心位置测点分析洞内温度每日的变化规律分别如图 2-40～图 2-48 所示。

由图 2-40～图 2-48，洞内环境温度随每日不同时刻的变化规律，距洞口越近的测点受外界气温影响越显著，随每日早中晚的变化幅度越大，而距洞口越远的测点受外界气温影响越小，到隧道中间部位的测点受外界气温影响很小，特别是 4—10 月隧道中间测点基本处于恒温状态。

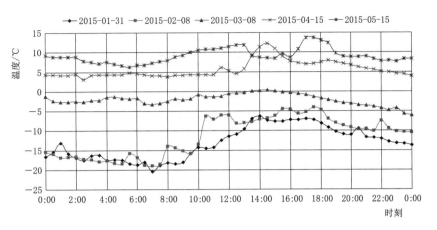

图 2-40 洞内环境温度（距进口 50m 测点）日变化曲线

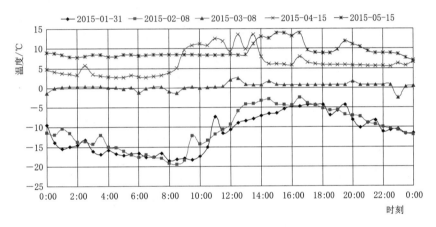

图 2-41 洞内环境温度（距出口 50m 测点）日变化曲线

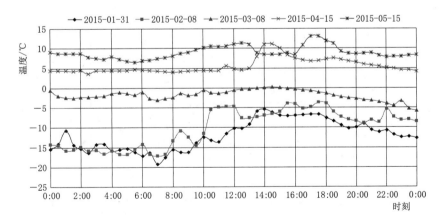

图 2-42 洞内环境温度（距进口 100m 测点）日变化曲线

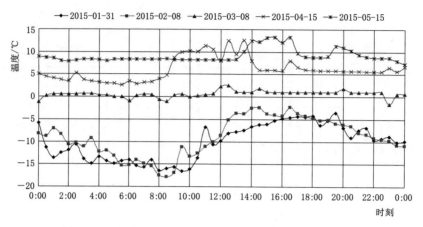

图 2-43　洞内环境温度（距出口 100m 测点）日变化曲线

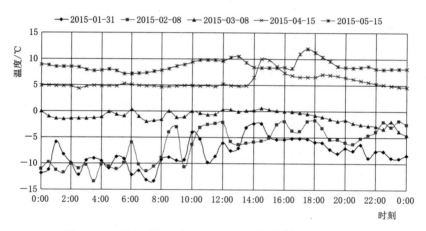

图 2-44　洞内环境温度（距进口 300m 测点）日变化曲线

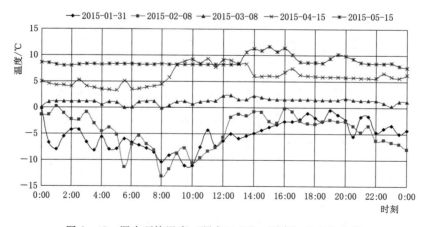

图 2-45　洞内环境温度（距出口 300m 测点）日变化曲线

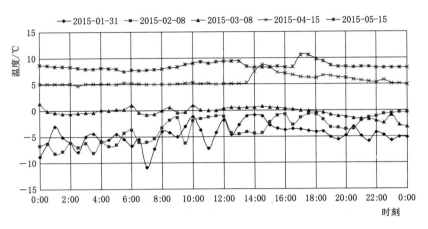

图 2-46　洞内环境温度（距进口 500m 测点）日变化曲线

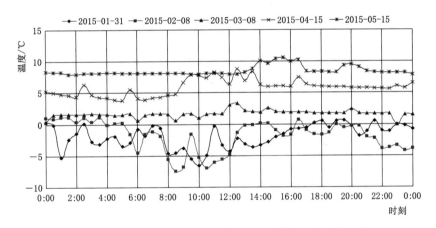

图 2-47　洞内环境温度（距出口 500m 测点）日变化曲线

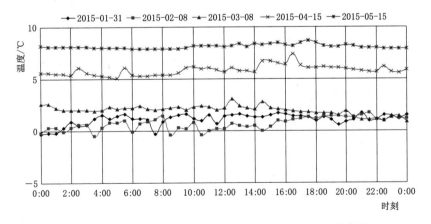

图 2-48　洞内环境温度（距进口 1497m 测点）日变化曲线

2. 洞内风速

多人分段采用手持式风速风向仪测试洞内不同位置的风速变化情况，以取得较为同步的风速值，测试结果如图 2-49 所示。

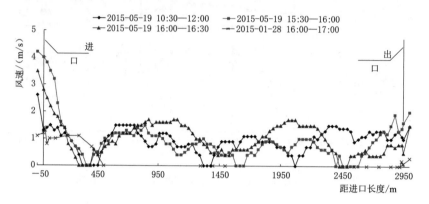

图 2-49　洞内风速沿程分布图

注：外界风向风速：2015-01-28 北风、微风，2015-05-19 北风、3~4 级

由图 2-49，2015-01-28 及 2015-05-19 外界风向均为北风，即风是由进口方向吹向出口方向的；2015-01-28 风力等级为微风，2015-05-19 风力等级为 3~4 级；洞内风速受外界风向风速影响显著，风向由进口吹向出口，使进口段风速高于出口段；2015-01-28 外界为风力等级为微风，进口附近风速为 1.1m/s，出口附近风速为 0.3m/s，隧道洞内除进口段 500m 范围内以外，其余区段风速基本为 0；2015-05-29 外界风力等级为 3~4 级，进口附近风速为 2.6~4.2m/s，出口附近风速为 1.5~2m/s，洞内风速 0~1.7m/s，洞内沿程变化受曲线隧道、列车运行、局部气流等多种因素影响而呈不规律波动。

2.1.4　围岩内部温度测试结果

隧道内不同位置围岩内部温度测试结果如图 2-50~图 2-56 及表 2-7 所示。

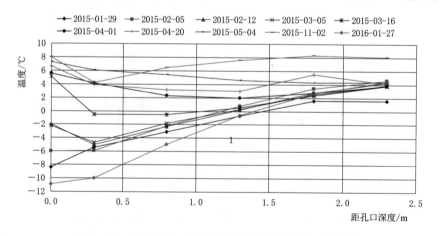

图 2-50　距进口 30m 测孔围岩内部温度沿深度变化曲线

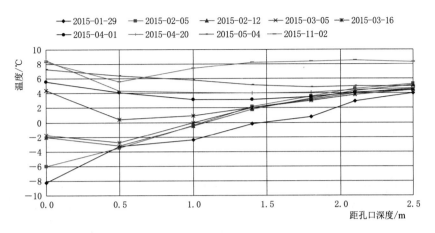

图 2-51 距进口 74m 测孔围岩内部温度沿深度变化曲线

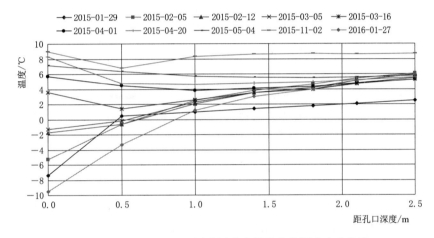

图 2-52 距进口 210m 测孔围岩内部温度沿深度变化曲线

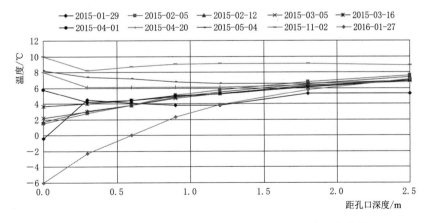

图 2-53 距进口 1407m 测孔围岩内部温度沿深度变化曲线

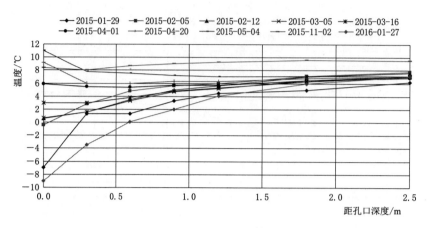

图 2-54　距出口 505m 测孔围岩内部温度沿深度变化曲线

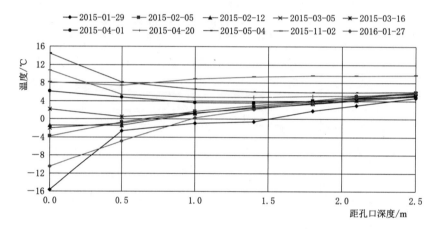

图 2-55　距出口 43m 测孔围岩内部温度沿深度变化曲线

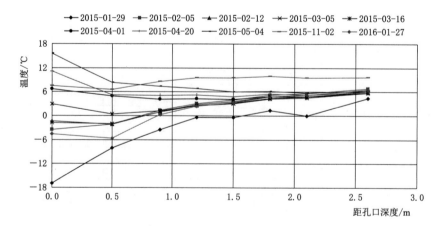

图 2-56　距出口 12m 测孔围岩内部温度沿深度变化曲线

由图 2-50～图 2-56 及表 2-7，深部地温 4～7℃，基本恒定，距洞口较近的深部地温略小于隧道中间位置深部地温，受向阳及背阴影响，靠近出口位置地温略高于靠近进口位置地温；当孔口（衬砌壁面）温度小于围岩深部地温时，围岩内部温度随深度的增加而增加，直至深部地温；当孔口（衬砌壁面）温度大于围岩深部地温时，围岩内部温度随深度的增加而减小，直至深部地温；围岩内部温度随外界温度变化而变化，3 月 16 日以后围岩内部均为正温，1 月 29 日至 3 月 16 日测试期间围岩内部存在一定范围的负温；围岩内部温度 0℃位置随外界温度及测孔位置的变化而变化，外界温度越低，围岩内部 0℃位置越深，测孔位置越靠近洞口，围岩内部 0℃位置越深；距进口 30m 测孔围岩冻结深度为 1.15～1.5m，距进口 74m 测孔围岩冻结深度为 1.05～1.5m，距进口 210m 测孔围岩冻结深度为 0.45～0.6m，距出口 505m 测孔围岩冻结深度为 0.03～0.25m，距出口 43m 测孔围岩冻结深度为 0.65～1.5m，距出口 12m 测孔围岩冻结深度为 0.75～1.55m，隧道中间测孔（距进口 1407m）围岩无冻结。围岩有冻结现象的测孔距洞口距离约为 500m，受测试时间多为下午外界气温较高时，受洞外气温影响，每日早晨围岩冻结深度应更深，隧道围岩冻结长度均应更长。

表 2-7   围岩内部温度测试环境温度条件及测试结果

测孔位置	项 目		测 试 日 期									
			01-29	02-05	02-12	03-05	03-16	04-01	04-20	05-04	11-02	01-27
洞口	环境温度/℃	日最高	−5.5	−4.9	−1.4	−0.9	8	6.6	14.6	14.6	8.7	−10.7
		日最低	−19	−18.3	−16	−16.4	−1.3	2.3	0.2	0.2	−5.4	−25.5
		日平均	−11.5	−11.8	−9.2	−7.5	2.6	4.7	5.9	5.9	−0.4	−18.7
距进口 30m	孔口温度/℃		−8.4	−6	−2	−2.2	5.1	5.6	5.6	7.3	8	−10.9
	0℃位置深度/m		1.5	1.15	1.25	1.25	—	—	—	—	—	1.2
	深部地温/℃		1.6	4.6	4.3	3.9	3.8	3.8	4.1	4.4	8.1	4.5
距进口 74m	孔口温度/℃		−8.2	−6	−2	−1.7	4.4	5.6	8.5	7.3	8.3	
	0℃位置深度/m		1.5	1.05	1.05	1	—	—	—	—	—	
	深部地温/℃		4	5.3	5.1	4.6	4.5	4.5	4.7	5	8.3	
距进口 210m	孔口温度/℃		−7.4	−5.3	−1.7	−1.3	3.6	5.7	8.3	7.2	9	−9.5
	0℃位置深度/m		0.45	0.6	0.6	0.5	—	—	—	—	—	0.8
	深部地温/℃		2.5	6.1	5.5	5.5	5.3	5.3	5.6	5.8	8.7	6
距进口 1407m	孔口温度/℃		0	1.5	1.7	2.2	3.7	5.8	8	8.2	10	−6
	0℃位置深度/m		—	—	—	—	—	—	—	—	—	0.6
	深部地温/℃		5.3	7.6	7.4	7	6.9	6.9	6.8	6.9	8.9	7.1
距出口 505m	孔口温度/℃		−6.9	−0.4	0.6	0.9	3	5.9	9.2	11	8.4	−9
	0℃位置深度/m		0.25	0.03	—	—	—	—	—	—	—	0.6
	深部地温/℃		6.2	7.8	7.6	7.1	7	6.9	7	7.1	9.5	7.1
距出口 43m	孔口温度/℃		−15.6	−3.8	−1.4	−2	2.1	6.1	10.8	14.5	8.1	−10.5
	0℃位置深度/m		1.5	0.65	0.75	0.7	—	—	—	—	—	1.0
	深部地温/℃		4.6	5.9	5.7	5.2	5	5.1	5.5	6	9.7	5.8

测孔位置	项　目	测　试　日　期									
		01－29	02－05	02－12	03－05	03－16	04－01	04－20	05－04	11－02	01－27
距出口12m	孔口温度/℃	−16.9	−3.5	−1.4	−1.8	3	6.7	11.2	15.6	7.5	−4.5
	0℃位置深度/m	1.55	0.75	0.75	0.75	—	—	—	—	—	0.8
	深部地温/℃	4.4	6.8	6.6	6.1	5.8	5.8	6.1	6.3	9.7	6.6

2.1.5　隧道排水量及水温测试结果

2015－01－29测试隧道总排水量为122.86m³/d，2015－03－16测试隧道总排水量为134.50m³/d，2015－05－19测试隧道总涌水量98.63m³/d。

2015－01－29及2015－11－02测试水沟水温沿隧道长度的变化曲线如图2－57所示。2015－01－29测试水沟水温为1.4～4.5℃，隧道中间位置水温高，靠近洞口位置水温低，出口侧500m范围内基本无水。2015－11－02测试水沟水温为4.9～8.1℃，除进口出水口位置受外界气温影响水温较高外，洞内温度同样呈现中间水温高、两端水温低的分布形态。

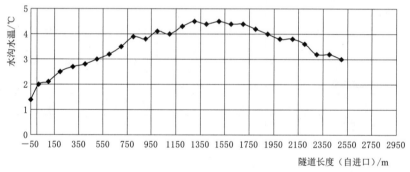

（a）2015-01-29测试结果

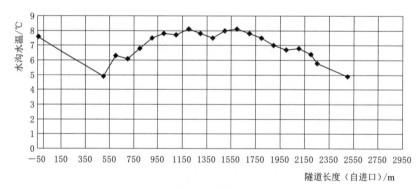

（b）2015-11-02测试结果

图2－57　水沟水温沿隧道纵向的分布曲线

2.2 吉图珲铁路隧道温度场现场试验研究

2.2.1 试验方案及数据分析

1. 吉图珲铁路概况

吉图珲铁路客运专线起点位于吉林省吉林市，终点位于地处中俄朝三国交界的珲春市，途经吉林市、蛟河市、敦化市、安图县、延吉市、图们市、珲春市 7 个县（市）区，全线设 9 座车站，新建正线 360.6km，设计时速 250km。工程于 2011 年开工建设，其中，隧道 86 座，总长 156km，占线路总长度的 44%，最长隧道为拉法山隧道，长 10028m，建成后与长吉城际铁路共同构成长春至珲春快速客运通道。

吉图珲铁路客运专线经过地区属于北亚温带湿润半湿润大陆性季风气候。年平均气温 1.0～6.8℃，1 月平均气温−23.4～−10.3℃，7 月平均气温 20.5～23.9℃；极端最高气温 36.3～37.7℃，极端最低气温−42.5～−29.2℃，年降水量 528～670mm，主要集中于 6—8 月；年平均蒸发量 948.9～1445.6mm；平均相对湿度 64～76%；全年平均风速约 2.2～3.1m/s，最大风速 18～20m/s。该区处于严寒地区，为重度季节冻土区，沿线冻结深度为 1.67～1.92m，每年从 10 月开始冻结，次年 4 月开始融化。冬季寒冷多雪，偏西南、西北风，山地及背风背阴处整个冬季积雪不化。

根据吉图珲铁路隧道所处地区的气候特征，主要面临的冻害问题有以下几个方面：

（1）受季节性冻融、冻胀作用影响，造成结构破坏。

（2）地下水较发育时，隧道因渗漏水造成冬季洞顶和侧壁挂冰，以及夏季渗水，直接威胁运营安全，给养护维修带来极大困难，并会造成严重的经济损失。

（3）由于冬季气候寒冷，排水沟冻结而使隧道排水不畅，出现隧底冬季上鼓、夏季翻浆冒泥和下沉，严重影响正常行车。

（4）洞外出水口及检查井冬季冻结，造成水沟内水无法流动，冻结逐步向洞内蔓延，冻结长度不断延伸，最后导致排水失效。

隧道冻害产生的原因很多，但究其根本主要是温度、水、围岩和设计施工 4 方面的因素。寒区隧道围岩富含的地下水，当温度降到围岩冻结温度以下时，围岩中的水冻结，引起体积膨胀，使得抗压强度小、结构不密实、含水量大的围岩产生冻胀，从而造成破坏；此外寒区隧道在设计、施工时采取的工程措施不当同样是导致隧道发生冻害的主要因素。

综上分析，有必要结合本线隧道的气候特征、地质和水文条件，在隧道冻害整治中采取行之有效的措施，以避免或减轻冻害的发生。

2. 现场试验方案

为进一步探究隧道冻害问题，开展隧道温度场现场试验。测试元件安装断面如图 2-58 所示。

隧道温度场测试采用数字式温度传感器和自动化仪表对吉图珲铁路沿线 10 座中长隧道洞内的温度进行长期监测。隧道测试区域包含隧道全线，每隔 250m 衬砌壁面安装 1 台温度传感器用于监测隧道温度变化情况。

温度场测试传感器采用总线型数字传感器 DS18B20，测温范围−50～125℃，精度

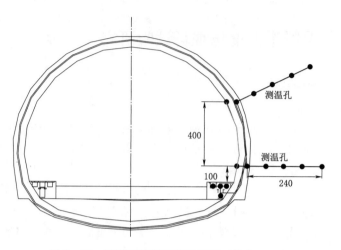

图 2-58　测试元件断面安装示意（单位：cm）

0.1℃，制作成总线型测温电缆使用（内部采用钢丝加强，外部采取屏蔽、阻燃、防水、耐低温处理）。封装后的测温电缆如图 2-59 所示。

图 2-59　测温电缆

3. 现场试验数据分析

根据吉图珲铁路沿线密江乡 1 号隧道（1908m）、民兴隧道（2137m）、北屯 3 号隧道（2156m）、日光山隧道（2188m）、榆树川隧道（2211m）、富宁隧道（2219m）、永昌隧道（2470m）、哈尔巴岭 2 号隧道（2601m）、五峰山隧道（3690m）和高台隧道（3706m）实测数据显示年最低气温均处于 12 月，因此，选取 12 月日最低气温进行数据分析。吉图珲铁路沿线隧道实测数据如图 2-60 所示。

如图 2-60 所示，吉图珲铁路沿线 10 座隧道全线纵向温度分布曲线表现为隧道"两端洞口低，中部高"的抛物线，相同时间内距离洞口处越远温度越高，隧道洞口处向隧道内平均每增加 100m 温度上升 1.14℃，温度增长梯度在隧道洞口处最大，随着进深距离增大，温度增长梯度逐渐减小。

2.2.2　隧道洞内空气温度场分布规律

1. 隧道洞内空气温度计算方法

$$T_x = ax^2 + bx + T_0 \qquad (2-1)$$

$$a = -\frac{b}{L} \qquad (2-2)$$

将式（2-2）代入式（2-1）可得隧道温度场分布曲线，即

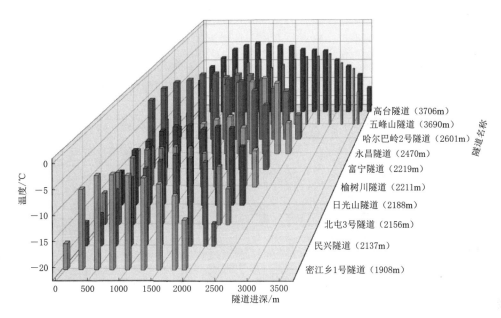

图 2-60 吉图珲铁路沿线隧道实测数据

$$T_x = -\frac{b}{L}x^2 + bx + T_0 \qquad (2-3)$$

隧道纵向温度增长梯度 K 为

$$K = \frac{dT_x}{dx} = b\left(1 - \frac{2x}{L}\right) \qquad (2-4)$$

隧道洞口的温度增长梯度 b 为

$$b = \frac{4(T_{mid} - T_0)}{L} \qquad (2-5)$$

当隧道进出口高差较大或隧道内存在明显的单向气流，隧道内纵向温度分布可按式（2-6）计算：

$$T_x = -\frac{b}{L}x^2 + bx + sux + T_0 \qquad (2-6)$$

式中：T_0 为洞口计算基准温度，取洞口环境的 5 日平均温度；x 为距离隧道洞口的长度，m；b 为隧道洞口的温度增长梯度；T_{mid} 为隧道内中部温度，取隧道中部的 5 日平均温度；a 为洞口温度增长梯度与隧道长度的比值，℃/m²；L 为隧道长度，m；u 为隧道内平均风速，m/s；s 为风速调整系数，取 0.001。

2. 隧道洞内空气温度计算方法的工程验证

为验证隧道内纵向温度分布计算公式的拟合效果，将式（2-6）应用至吉图珲铁路沿线 10 座中长隧道全线实测数据中，实测数据与拟合结果如图 2-61 所示。

由图 2-61 可知，吉图珲铁路沿线 10 座隧道的拟合度约为 67％～97％，平均拟合度为 87％，拟合效果良好。拟合结果表明，吉图珲铁路沿线 10 座隧道洞口的温度梯度为

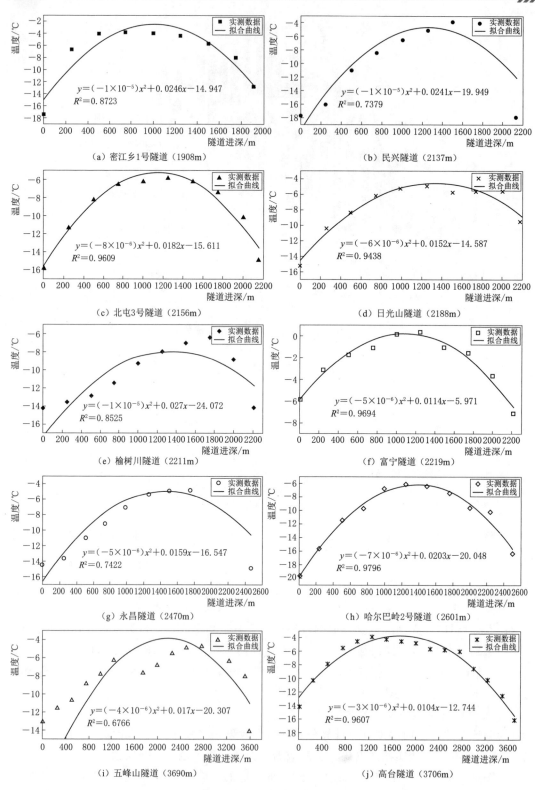

图 2-61　吉图珲铁路沿线 10 座隧道纵向温度分布曲线

$0.01 \sim 0.027℃/m$，平均值为 $0.0184℃/m$，90%的包络值为 $0.0114℃/m$，即洞口处向隧道内每 $100m$ 温度上升 $1.14℃$。

因此，寒区隧道纵向温度分布曲线可根据隧道长度、洞口计算基准温度、隧道内平均风速和风速调整系数等参数采用式（2-6）进行计算。

2.2.3 隧道洞内围岩温度场分布规律

根据吉图珲沿线隧道监测数据及现场实际情况发现，隧道洞内最低气温对隧道结构防寒影响不大，对隧道结构影响较大的参数是隧道洞内 5 日平均温度。为进一步探究寒区隧道温度场，以 10 座隧道实际工况及实测数据为基础，采用数值模拟的方法探究洞内气温对隧道结构防寒的影响。

1. 数值计算模型

以吉图珲沿线 10 座隧道实际设计尺寸构建衬砌-围岩温度场等比例有限元计算模型。为简化计算模型，作出如下假设：①假设隧道衬砌、围岩等材料均为均质、各项同性；②假设围岩地温为常数；③假设边界条件涉及的热力学参数为常数。模型中材料参数如表 2-8 所示。

表 2-8   材 料 参 数

材料	导热系数/(W·m^{-1}·℃$^{-1}$)	比热容/(kJ·kg^{-1}·℃$^{-1}$)	密度/(kg/m³)
衬砌	1.75	1.46	2500
围岩	2.3	1.021	2200
空气	0.0242	1.006	1.293
聚氨酯保温板	0.029	1.852	56

ANSYS 中对于寒区隧道温度场的模拟采用 Soild 70 实体单元，建立 1:1 比例横断面及纵向长度，不同隧道的结构模型、划分单元及节点数均各不相同。以榆树川隧道为例，建立进深为 2211m 长等比例模型，其网格划分单元 204800 格，节点 215703 个，榆树川隧道网格划分情况如图 2-62 所示。

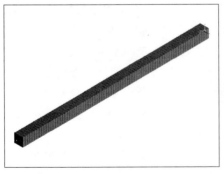
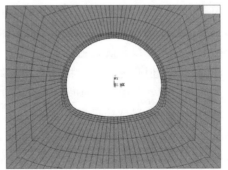

（a）整体　　　　　　　　　　　　（b）局部

图 2-62　榆树川隧道网格划分

2. 围岩温度场分布规律

考虑吉图珲地区实际气候情况及现场实测数据分析，寒区隧道温度场计算中温度边界条件设置为最冷月隧道洞内 5 日平均温度的最低值，计算时长为年最长冻结期 210d，模拟 10 座隧道极端情况下温度场的变化情况；同时考虑有保温层和无保温层两种条件下温度场的变化情况。以榆树川隧道为例，有保温层和无保温层条件下，210d 隧道洞口处温度场如图 2-63 所示。

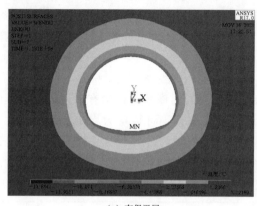
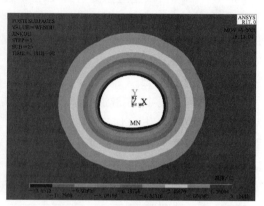

（a）有保温层　　　　　　　　　　　　　（b）无保温层

图 2-63　榆树川隧道洞口处温度场

由图 2-63 可以看出，榆树川隧道铺设保温层后洞内温度影响范围明显减少，围岩负温段长度也逐渐减少。有保温层情况下，洞口处隧道壁面、二衬-初衬接触面分别为 -13.80℃、-4.16℃，两处温差相差 -9.67℃；无保温层情况下，洞口处隧道壁面、二衬-初衬接触面分别为 -13.66℃、-11.34℃，两处温差相差 -2.21℃。由此可见，不设置保温层情况下隧道衬砌将遭受严重的冻害，铺设保温层是当前常规的防寒保温措施，但铺设保温层情况下外界温度过低隧道衬砌依旧有遭受冻害的风险。

结合榆树川隧道 2018-10—2019-10 洞口处日最低温度、二衬-初衬接触面温度及 5 日平均温度实测数据分析可知，榆树川隧道洞口衬砌表面与二衬-初衬接触面测试温度差最大为 9.58℃，与数值模拟结果接近。榆树川隧道实测温度分布曲线如图 2-64 所示。

由图 2-63、图 2-64 可知，相较于隧道壁面温度，在有无保温层作用下二衬-初衬接触面均有所上升。这主要是由于隧道衬砌结构具有较好的保温隔热效果，隧道二衬-初衬接触面的温度分布曲线与隧道衬砌表面 5 日平均温度曲线走向基本一致，表明隧道衬砌表面温度波动较大，但隧道衬砌结构具有较好的短波滤波特性，能够很好地过滤掉衬砌表面日温度的波动变化，使隧道衬砌背后温度与衬砌表面 5 日平均温度曲线一致。因此，可根据隧道洞内 5 日平均温度的最低值预测隧道二衬-初衬接触面的最低温度，从而判断隧道衬砌背后是否结冰以及是否需设置钢筋混凝土衬砌。

为进一步验证隧道洞内 5 日平均温度的最低值下，隧道二衬-初衬接触面与衬砌表面温度差值，以实测数据为基础计算吉图珲铁路沿线，剩余 9 座隧道的洞口温度场变化情况。因寒区隧道进口断面受外界气温影响较大，依旧以隧道洞口作为研究对象，同时为保证断面结果具有普适性，选取有保温层和无保温层作用下隧道断面拱顶、仰拱、拱腰和边

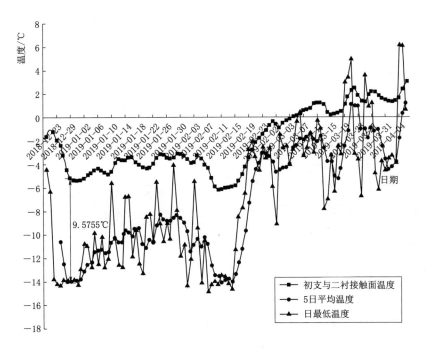

图 2-64　榆树川隧道温度分布曲线

墙处 4 条路径提取温差情况，有保温层和无保温层工况下，衬砌表面与二衬-初衬接触面温度差结果如表 2-9、表 2-10 所示。

表 2-9　　　　　　　　　　　　　有保温层作用下温度差

隧道名称	隧道断面不同位置温度差/℃				
	拱顶	仰拱	拱腰	边墙	平均值
密江乡 1 号隧道	−10.06	−9.88	−10.16	−10.47	−10.14
民兴隧道	−10.07	−9.89	−10.17	−10.49	−10.16
北屯 3 号隧道	−9.20	−9.03	−9.29	−9.58	−9.27
日光山隧道	−9.47	−9.29	−9.56	−9.86	−9.55
榆树川隧道	−9.59	−9.41	−9.68	−9.98	−9.67
富宁隧道	−8.78	−8.62	−8.87	−9.14	−8.85
永昌隧道	−10.75	−10.55	−10.86	−11.19	−10.84
哈尔巴岭 2 号隧道	−10.92	−10.71	−11.02	−11.36	−11.00
五峰山隧道	−9.21	−9.04	−9.30	−9.59	−9.28
高台隧道	−9.33	−9.16	−9.42	−9.71	−9.40
平均值	−9.74	−9.56	−9.83	−10.14	−9.82

表 2 - 10　　　　　　　　　　无保温层作用下温度差

隧道名称	隧道断面不同位置温度差/℃				
	拱顶	仰拱	拱腰	边墙	平均值
密江乡 1 号隧道	−2.19	−2.32	−2.22	−2.51	−2.31
民兴隧道	−2.20	−2.33	−2.23	−2.52	−2.32
北屯 3 号隧道	−2.01	−2.13	−2.03	−2.30	−2.12
日光山隧道	−2.07	−2.19	−2.09	−2.36	−2.18
榆树川隧道	−2.09	−2.22	−2.12	−2.40	−2.21
富宁隧道	−1.92	−2.03	−1.94	−2.19	−2.02
永昌隧道	−2.35	−2.49	−2.38	−2.69	−2.47
哈尔巴岭 2 号隧道	−2.38	−2.52	−2.41	−2.72	−2.51
五峰山隧道	−2.01	−2.13	−2.03	−2.30	−2.12
高台隧道	−2.03	−2.15	−2.06	−2.33	−2.14
平均值	−2.12	−2.25	−2.15	−2.43	−2.24

　　由表 2 - 9、表 2 - 10 可知，有、无保温层情况下，隧道拱顶处、仰拱、拱腰和边墙处部位温度均有所差异，同一隧道断面边墙处温度最低、仰拱处温度最高。有保温层情况下，隧道壁面与二衬-初衬接触面极端气候条件下温差平均值为 10℃；当隧道内二衬壁面温度低于−10℃时，保温层的保温效果会失效，此时需与其他主动保温措施相结合；无保温层情况下，隧道壁面与二衬-初衬接触面极端气候条件下温差平均值为 2.2℃；当隧道内二衬壁面温度低于−2.2℃时，需设置保温层。

　　根据吉图珲地区环境温度监测数据，该地区 5 日平均温度最低值约为−20℃，将该温度设置为各隧道洞口的基准温度，由式（2-6）计算各隧道纵向温度场分布情况。隧道纵向温度分布如图 2-65 所示。

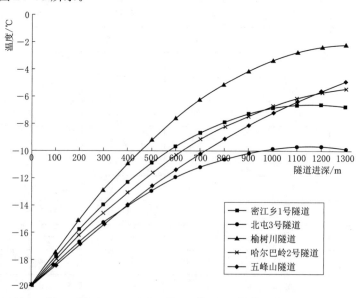

图 2-65　吉图珲铁路隧道纵向温度分布

由图 2-65 可知，各隧道距离洞口约 450～700m 后洞内温度将超过-10℃，因此，洞口段钢筋混凝土衬砌的设置长度宜为 450～700m。

2.3　国内寒区隧道冻害及整治情况

2.3.1　寒区隧道冻害情况

在寒冷地区的山岭隧道，除混凝土冻融引起劣化外，还有因衬砌背后围岩冻结引起的隧道变异。这是隧道冻害基本特征，也是一个十分重要的问题。

哈尔滨铁路局 90％以上的隧道发生冰柱（挂冰）。冰柱在初冬或晚冬成长迅速。在严寒期，一般不会成长。因为在寒冷地区的隧道的大部分在严寒期是冻结的，水的供给被隔断了。

隧道冻害始终是与漏水相联系的。由于东北地区大部分隧道修建于 20 世纪 30 年代，年久失修。尽管长度不大，但材质和施工管理都存在很多问题。这些隧道的漏水部位，在拱部的占 50％；其次在墙部的占 23％。施工缝处约占 15％。在寒冷地区，拱部漏水在一个晚上就会结成冰柱，施工缝和墙部的漏水会结成冰盘。

隧道漏水或结冰，首先会造成衬砌混凝土劣化和变异，降低通信信号，电力等设备和钢轨及扣件等的耐久性；其次，漏水会使衬砌背后的土砂流失，而在衬砌背后形成空洞，并进一步产生偏压、路基下陷等。而在寒冷地区，结冰更加剧了对列车运行安全的威胁，对线路维修人员的行走和作业都造成一定的困难。同时，衬砌背后围岩的冻结会造成衬砌的破坏。

冰柱和结冰多是因拱部和边墙漏水，加上外气温（隧道内气温）低，冷却而形成。冰柱和结冰的发生受到外气温、漏水量和漏水程度、围岩温度等支配。另外，外气温低，衬砌背后的温度在冰点以下时，地下水在漏水之前就已经在围岩内冻结。此时，由于冻结、融解的反复进行，会使衬砌材料劣化。有冻胀性的围岩，将产生冻胀力而造成隧道变异。

一般情况下，冬季隧道内的气温，在洞口附近接近外气温，越向隧道里面越上升。为此，冰柱和结冰的发生在洞口附近是显著的，而向里面则变小。隧道越长，越局限于洞口附近。在短隧道中，全长都会发生冻结。例如滨州线的兴安岭隧道（$L=3100$m，双单线）以及滨绥线的杜草隧道（$L=3900$，双单线）均是全长发生冻结［调查期间该地区洞外温度在-17℃（夜间）～-4℃（白天）］。该路段道床每隔几个小时就需凿除一次。

东北大部地区属于季节性冻土，冬季冻结，夏季融化，很少遇见多年冻土。东北地区常见的隧道冻害现象大致有：

（1）挂冰。衬砌背后的地下水，在衬砌漏出过程中逐渐冻结形成挂冰，悬挂的称为冰溜。冰溜侵入限界，如不及时清除，会增多变粗，越冷越坚硬，危害行车安全。

漏水沿衬砌表面漫流而下，能在边墙上形成冰柱或侧冰。冰柱的直径有的 1m 之多，有的多条冰柱连成侧冰。柱状冰溜对行车安全的威胁比悬垂冰溜严重。

漏水如落在隧道内的各种设备上，如电力牵引区段的接触网，以及电力、通信、信号的架线等，遇冷在其上挂冰，若不及时除掉，回坠断电线路，或使接触网短路、放电、跳闸等，危及行车和养护人员的安全。

（2）冰锥。衬砌漏水落在道床上，逐渐冻结，常可发生丘状冰锥侵限。

衬砌漏水和涌水，如果沿隧底流淌，逐渐冻结，就形成冰漫型冰锥。如果不及时处理，冰锥也会覆盖轨面，终至无法行车。有些隧道每天要有数十人昼夜三班不停地除冰，持续达数月之久。有的隧道每月除冰量达 1400m³ 之多。

（3）冰塞。隧道内排水设备如果没有可靠的防冻措施，就可能在某一处先行结冰，逐渐造成堵塞，称为冰塞。

排水设备一旦出现冰塞，一方面内部积水全部结冰膨胀，造成沟管槽自身破碎而不能再用；另一方面冬季不能排水，必然使隧道内的各种冻害现象接踵而来，病害更为严重。

（4）冰楔。隧道周围岩体自身没有冻胀性，纯属由于衬砌背后积水，结冻后体积膨胀，对衬砌产生冰劈作用或冰压力，造成衬砌变形破坏。

发生冰楔病害的衬砌，一般是围岩坚实稳固，衬砌较薄，背后的空隙很大，其中积水又无出路。这种破坏开始时并不明显，往往是断断续续，发展较慢，一旦构成纵横交错的裂纹，衬砌碎裂为大小不同的块体，就会在冰胀力作用下出现碎块的错落。某隧道拱顶有碎块错落达 90mm，春天融化后坍落在轨道上，坍落后的空洞长 3m，宽 2m，掉下的混凝土块强度仍在 200MPa 左右。

（5）围岩冻胀。隧道周围岩体具有冻胀性时，受冻后自身体积膨胀称为围岩冻胀。围岩冻胀比冰楔破坏作用大。常见裂损状况有以下几种：

1）衬砌变形开裂。

a. 拱顶开裂下沉，正拱顶附近内缘开裂，并有下沉和错牙，裂缝及错牙量冬季显著增大，春融后变小。

b. 拱脚内移，起拱线附近有剪裂或张裂和错牙。

c. 墙顶内倾，拱脚和墙脚未动，墙顶内移，墙身发生内倾。

d. 墙角内移，有的拱脚和墙顶不动，单纯是墙脚内移；有的拱脚和边墙全部内移，但墙脚内移量显然大得多。

e. 拱腰断裂，有的拱脚没有内移，但拱腰处发生内鼓和拉裂。

f. 墙腰断裂，有的拱脚、墙顶、墙脚都没动，仅在墙腰处内鼓，内鼓大时，墙被断为两三截。

2）线路冻害及春融翻浆。如果隧底没有仰拱，底部围岩不均匀冻胀可造成线路不均匀冻起（有达 200mm 者）。同时，凡是线路有严重冻害的处所，春融时可能发生翻浆冒泥，恶化了线路的运营条件。

3）隧底排水设备被冻起而破坏。岩体冻胀时，水沟冻起多，融后回落少，多年积累，曾见有抬起 40～50cm 者。因沿纵向各处抬起量不等，水沟就发生排水不畅，断裂漏水。漏水又使周围岩体冻胀量大增，反复恶化，水沟就出现大的断裂，沟墙倒坍，破坏失效。

4）洞门墙、翼墙前倾开裂。

5）洞口仰坡边坡冻融坍塌。

（6）衬砌混凝土冻融破坏。衬砌的孔隙和裂隙被围岩地下水充满，经反复冻融，材质结构遭受破坏作用，变得酥松酥碎、剥落而破坏。

（7）衬砌冷缩开裂。隧道衬砌构筑和合拢时的气温，一般高于0℃，如果建成后遇到较低的负温，衬砌必然发生较大的冷缩开裂。严寒地区的隧道，有时可见衬砌上有明显的环向收缩裂纹，洞口附近环裂间距较小，越往洞内间距越大，最小约10m多，最大有50m多。由于铁路隧道基本上是用矿山法修建，沿隧道纵长每一环节之长不到10m，拱墙又分为上下两部灌注，工作缝接合较差。

2.3.2　寒区隧道冻害整治

1. 寒区隧道存在问题及建议

（1）寒区隧道存在问题及冻害防治原则。

1）排水系统不完善。早期采用整体式衬砌修建的隧道，因排水系统不完善，导致隧道修建后拱墙交接处容易出现渗漏水，引起冻害。例如福金隧道和长岭隧道，隧道整体衬砌老化严重，排水系统不完善，渗水严重区域普遍存在衬砌块状开裂和挂冰现象。

2）保温系统不完善。有些寒区隧道虽然设置了完善的保温排水系统，但是并不完善，导致保温排水系统冻结，引起冻害。例如七道梁隧道，因未设置保温措施，导致衬砌结构背后发生积水冻胀而引起排水沟冻结。

3）施工质量不达标。有些寒区隧道虽然设置了完善的保温排水系统，但是施工质量不达标，导致冻害现象严重，影响隧道运营安全。例如永安隧道和沙力双线隧道由于施工质量原因，导致混凝土衬砌强度不足，主要有脱落、掉块、裂纹和漏水等冻害现象。

4）冻害防治原则。提出"施工质量是基础，排水是核心，保温是关键，三者必须有机结合"的隧道冻害防治原则，即在保证施工质量前提下，采用完善的保温排水系统。

2. 寒区隧道保温排水措施建议

寒冷地区隧道防排水技术措施主要有侧式保温水沟、中心深埋水沟和防寒泄水洞，其思路主要是通过排除衬砌背后围岩中的地下水，从而达到减轻或消除冻害的目的。

寒区隧道排水技术调研结果表明：

（1）保证寒区隧道远离冻害的关键因素是设置完善、具有保温性能的防排水系统，从而保证排水系统在冰冻期不冻结，如风火山隧道和赤大白铁路隧道。

（2）通过对华北地区的丰沙线、京原线、京承线等三条铁路共60多座寒区隧道调研分析可知，其最冷月平均气温在-10~-5℃，这些隧道大部分采用一般水沟，未采取保温措施，但水沟无冻结现象。因此最冷月平均气温在-10~0℃的寒冷地区，水沟可考虑不设保温措施。

因此对寒区隧道保温排水措施有以下几点建议：

（1）侧式保温水沟一般适用于最冷月平均气温在-15~-10℃、冬季有水的隧道，且水量不是很大，如上场隧道、兰西隧道、南山隧道、土门岭隧道、兴安岭下行隧道、祁连山隧道和奎先隧道等。

（2）中心深埋水沟一般适用于最冷月平均气温在-25~-10℃、冬季有水的隧道，且水量较大，最大冻结深度小于2.5m，如昆仑山隧道、风火山隧道、恒山隧道、奎山隧道、佛岭一号隧道、北老松隧道、福金岭隧道、八盘岭隧道、南岭隧道、马山隧道、石脑隧道、黄海隧道、长岭隧道、干沟梁隧道、大坝梁隧道、祁连山隧道、宁缠隧道、鹧鸪山隧道和铁力买提隧道等。

（3）防寒泄水洞一般适用于严寒地区最冷月平均气温低于－25℃、冬季有水的隧道，黏性土冻结深度大于 2.5m，如大通山隧道，牙林线岭顶隧道、嫩林线西罗奇 1、2 号隧道、杜草隧道、永安隧道、风车隧道、牙林线岭顶隧道和大坂山隧道等。

（4）盲管（沟）的设置深度由衬砌内缘算起，建议大于 1m（衬砌厚度计算在内），必要时需在盲管（沟）处增设保温墙，如南山隧道在二次衬砌背后设置纵、环向排水盲沟，盲沟采用透水式内径为 10cm 的软管盲沟。

（5）泄水孔将竖向或环形盲管（沟）中的地下水引入排水系统中，其断面建议为 10cm×10cm，如大通山隧道每隔 420m 设置竖向泄水孔将围岩中的裂隙水及地下水排入防寒泄水洞。

（6）中心深埋水沟与隧底横沟和盲管（沟）相连接，横沟的坡度建议大于 5%，如白卡尔隧道。

（7）防寒泄水洞中横沟应以暗挖的横导洞代替，衬砌背后盲管（沟）与横导洞以钻孔相连，孔径建议大于 10cm，如西罗奇 1 号隧道。

由于岩体本身具有一定地温，如果衬砌表面温度大于或等于 0℃，那么衬砌背后一定不会发生冻结。因此可以认为，侧式保温水沟、中心深埋水沟、防寒泄水洞设防长度以洞内二次衬砌表面温度为 0℃ 为设防终点。

3. 寒区隧道防寒设计建议

（1）隧道洞口段钢筋混凝土衬砌设置长度。

寒区隧道洞口段设置钢筋混凝土衬砌是为了防止衬砌背后围岩结冰冻胀引起的荷载增大而导致衬砌破坏，因此钢筋混凝土衬砌的设置长度应根据衬砌背后是否结冰来确定。统计数据表明，在设置保温层情况下，隧道二衬壁面与二衬背后温差平均值为 10℃；无保温层情况下，隧道二衬壁面与二衬背后温差平均值为 2.2℃。因此，当隧道设置保温层情况下，洞壁温度低于－10℃时应设置钢筋混凝土衬砌，当隧道无保温层情况下，洞壁温度低于－2.2℃时应设置钢筋混凝土衬砌。

（2）隧道保温层的设置长度。

隧道保温层的设置是为了提高隧道衬砌结构的保温隔热性能，防止隧道衬砌背后围岩结冰。统计数据表明，隧道二衬壁面与二衬背后温差平均值为 2.2℃，即当隧道内二衬壁面温度低于－2.2℃时，应设置保温层。

（3）隧道中心深埋水沟的设置长度。

隧道中心深埋水沟的设置长度可根据隧道中心沟内部温度确定，当隧道中心沟温度降低到 0℃ 以下时，中心沟应深埋到仰拱以下。当隧道中心沟水量较大时，水流动而不易冻结，只有水量较少时才发生冻结，假设中心沟水位位于沟心以下，中心沟上部封闭空气的隔热系数大于混凝土，因此冷桥主要通过中心沟周边混凝土组成，中心沟内地下水与隧道仰拱填充顶面厚度 68cm，大于二衬的厚度，因此中心深埋水沟的设置长度可与隧道洞口钢筋混凝土衬砌的设置长度一致。为了防止隧道边沟冻结，宜将隧道衬砌背后地下水直接引入中心沟，而不经过边沟。

（4）水沟排水不畅、结冰整治方案。

中心深埋水沟埋置深度不够，冬季结冰导致排水不畅。整治措施：加深中心水沟至冻结深度以下，条件允许时加大水沟坡度，提高流速。

调查中发现有部分单线隧道中心水沟检查井设于隧道中部两轨之间，冬季水沟结冰水由中心排水沟溢出，造成中心沟前后 20m 范围内道床结冰，直接对线路运营造成影响，且中心沟位于两轨之间不利于维修养护。因此，建议在今后的设计中将中心深埋水沟检查井结合避车洞设置。

（5）洞外病害整治方案。

1）洞门设计中排水管孔径过小，冬季结冰孔眼被封死无法达到排水效果，导致洞门处洞顶积水、结冰，其对应洞内里程拱部挂冰。严重者导致洞门端墙出现裂缝。

整治措施：加大排水口孔径，洞口地形允许的情况下可将洞顶水沟的水由洞门一侧排出引至地势较低洼处。

2）洞口浅埋段洞顶坑洼不平、有陷穴。

调查发现，由于东北地区降水量较大，洞顶坑洼处容易会积水，冬季积雪结冰，该处排水不畅，导致其对应洞内里程拱部渗水、冬季挂冰。

整治措施：浅埋段洞顶坑洼及陷穴均用混凝土填平。

3）保温出水口未作封堵结冰被封。

4）洞口段保温浅水沟结冰被冻。

整治措施：在严寒地区，隧道洞口段洞内浅水沟光靠双层盖板以及两层盖板间的保温材料无法满足保温要求，现场在双层保温水沟下又做了保温处理，在水沟周边铺设聚苯板，下层盖板用油毡纸和防寒毡保温。

（6）衬砌缺陷整治方案。

解决衬砌冻胀掉块的措施有两个方向：一是针对性地消除冻害形成的一个或多个条件，使冻胀无法产生；二是接受局部变形和压力增大的结果，提高衬砌的变形和承载能力，让衬砌在较大冻胀变形时不发生破坏，或有显著破坏迹象及相当的持续时间，为发现病害和抢险加固提供条件。

针对以上因素在寒区新建隧道措施加强和既有隧道病害整治两个领域进行了探索和研究，针对性地制定了措施，寒区隧道冻胀病害措施如表 2-11 所示。

既有隧道冻害整治过程中应遵循"宁强勿弱、简单易行、针对性强、不留隐患"的原则，以素混凝土衬砌缺陷为整治重点，以预防衬砌掉块、消除渗漏水挂冰为基本目标。整治前应首先开展隧道内温度监测和衬砌检测工作，查明隧道内温度分布情况和衬砌缺陷情况，为整治方案制定提供基础资料。主要措施如下：

（1）衬砌掉块。

环境温度低于－10℃的素混凝土衬砌段落应重点整治，整治施工宜选择在非冻结时期进行，作业环境温度不应低于5℃。由裂缝、冷缝、施工缝、防水板、止水带切割形成的素混凝土不稳定块，沿线路方向长度小于30cm的，可采取凿除方式处理；沿线路方向长度大于30cm的，宜采用套衬方式处理。素混凝土衬砌脱空缺陷，衬砌有效厚度大于20cm，脱空面积小于1m²的可采用注浆填充方式处理；其余宜采用套衬方式处理。钢筋混凝土套衬结构厚度不宜小于30cm，应设置稳定基础，两端应设置倒角与既有二次衬砌顺接。

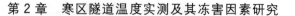

表 2-11　　　　　　　　　　　　寒区隧道冻胀病害措施简表

工作方向	新 建 隧 道			既 有 隧 道		
	加强措施	预期目标	可行性	整治措施	预期目标	可行性
消除温度条件	设置盲管电加热	提高盲管温度	电加热耗能大，易损坏，有短路燃烧风险	设置盲管电加热	提高盲管温度	既有盲管穿入困难，电加热耗能大，易损坏
	设置深切槽盲沟	提高盲沟温度	切槽困难，效率低下，对施工进度影响大			
	设置保温盲管	消除盲管负温区	盲管进水孔有冷桥存在，效果难以保证	设置洞口热风幕	阻隔洞口冷风进入，补充洞内热量，提高洞内整体温度	耗能大，设备尚需特殊研制，短期实现可能性小
	设置衬砌背后保温层	消除衬砌背后负温区	给施工带来一定麻烦，但可实施，效果较好			
	设置洞口热风幕	阻隔洞口冷风进入，补充洞内热量，提高洞内整体温度	耗能大，设备尚需特殊研制，短期实现可能性小	设置洞口循环风幕	阻隔洞口冷风进入，使冻结区域局限在洞口有限段落内	耗能大，需增加侧向导流洞，效果尚需深入研究论证
	设置洞口循环风幕	阻隔洞口冷风进入，使冻结区域局限在洞口有限段落内	耗能大，需增加侧向导流洞，效果尚需深入研究论证			
消除水源条件	衬砌背后注浆封堵	封堵地下水通道降低围岩含水率	注浆封堵对衬砌施工有一定影响，难以完全封堵渗流路径	局部注浆封堵	封堵地下水通道	围岩渗透路径难以查明，注浆效果可靠性尚有欠缺
	设置二维排水+保温层	增加排水路径提高排水通畅度	实施代价低技术较成熟	两侧边墙底部设置深孔疏干周边地下水+电加热	疏干深部地下水，消除冻结水源	打设深度较大，对运营有一定影响，技术成熟，需增加供电设备
	两侧边墙底部设置深孔疏干周边地下水	疏干深部地下水消除冻结水源	打设深度较大，对施工有一定影响，技术成熟			
消除空间条件	设置离壁式衬砌	设置衬砌背后充裕空间，既提高保温效果又提供存冰空间	与现有设计理念有矛盾，衬砌打设困难	注浆填塞空隙	消除存冰空间	注浆效果全面性和可靠性尚有欠缺
	注浆填塞空隙	消除存冰空间	注浆效果全面性和可靠性尚有欠缺			

（2）衬砌挂冰。

由于盲管口堵塞造成排水不畅引起衬砌渗漏水挂冰的，应清理疏通盲管口，必要时对盲管口实施钻孔排水。由于盲管冻结或堵塞造成排水不畅引起衬砌渗漏水挂冰的，应在中心沟检查井或边墙电缆槽以下打设深孔排干衬砌拱墙部位地下水，并采取可靠的连接管和保温加热措施，将引出的地下水直接排入深埋中心沟。对于盲管疏通和深孔引排仍无法排尽的拱墙部位渗漏水应采取附加保温层或电热带的边墙排水槽引排。

（3）排水沟冻结。

由于保温出水口冻结引发排水沟冻结的，可采用设置阳光棚温室或将保温出水口改为向阳位置的方式整治。由于边沟保温措施不利引发排水沟冻结的，可于侧沟内行车侧沟壁设置电热板的方式整治。

中心沟与边沟连接水管不畅通引发排水沟冻结的，应疏通连接水管，无法疏通的应在中心沟检查井向边沟打设放射状连接孔。

第3章 寒区隧道防寒保温技术及其理论研究

随着高纬度、高海拔地区隧道数量越来越多，寒区隧道冻害问题越发明显。传统的保温层法是在隧道内铺设保温层，并利用其导热系数低的特点，阻止寒冷气温入侵。但该方法温度适应范围窄，建设和维护费用高，无法完全解决隧道冻害问题。为解决冻害问题，本书提出寒区隧道空气幕保温系统及空气幕作用下围岩径向温度场解析解理论计算方法。

3.1 寒区隧道空气幕保温系统

3.1.1 系统组成

寒区隧道空气幕保温系统采用主动防寒的设计理念，以阻隔外界寒冷气流侵入隧道为目的，以满足隧道保温条件下最佳系统能耗为目标，从根源上切断隧道产生冻害的冷源。该系统修建在隧道洞口的前端，当其修建在隧道山体阳面时，由保温室、空气幕、太阳能板和 PLC 智能控制装置 4 部分组成，如图 3-1（a）所示。当其修建在隧道山体阴面时，由保温室、空气幕和 PLC 智能控制装置 3 部分组成，如图 3-1（b）所示。寒区隧道空气幕保温系统供电方式采用工业用电为主、太阳能电池板为辅的供电方式。非冻结期内以太阳能电池板供电为主，主要供应风速传感器和温度传感器等低能耗设备；冻结期内以工业供电为主，为寒区隧道空气幕保温系统提供足够的能源。

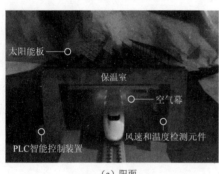
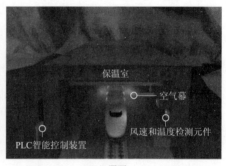

（a）阳面 （b）阴面

图 3-1 隧道空气幕保温系统结构示意图

3.1.2 系统运行流程

PLC 控制器作为系统的核心中枢，实时监测空气幕防寒保温系统的运行状态，并以保温室内空气温度和风速等参数为依据对空气幕防寒保温系统进行控制。当保温室内风速和温度传感器所采集到的数据低于设定值时，优化控制空气幕的射流角度、增加空气幕的射流风速及提高空气幕的射流温度。以最佳的空气幕装置运行状态，阻挡隧道洞口外流向隧道内部的低温气流，确保隧道衬砌结构与围岩交界面上的温度达到0℃以上，预防隧道冻害的发生。空气幕防寒保温系统运行流程如图3-2所示。

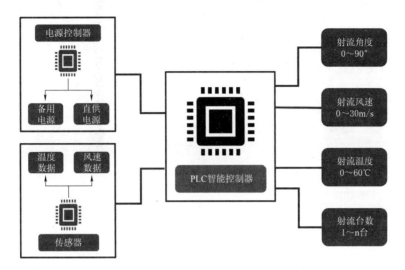

图 3-2 寒区隧道空气幕保温系统运行流程

3.2 隧道空气幕计算理论

3.2.1 隧道空气幕阻隔效率控制方程

设平行于隧道地面的坐标轴为 y 轴，垂直于隧道地面的坐标轴为 x 轴。隧道空气幕阻隔效率控制方程的计算模型，如图3-3所示。

采用几何加法可求得空气幕在 x、y 轴方向的微分方程为

$$v_y = \frac{\mathrm{d}y}{\mathrm{d}t} = v\sin\alpha - v_0 \qquad (3-1)$$

$$v_x = \frac{\mathrm{d}x}{\mathrm{d}t} = v\cos\alpha \qquad (3-2)$$

式中：v 为空气幕的射流速度，m/s；α 为空气幕的射流角度，(°)；v_0 为隧道外自然风风速，m/s。

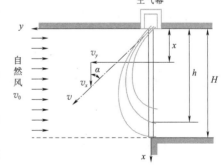

图 3-3 计算模型

由式（3-1）和式（3-2）可得

$$\frac{v_y}{v_x} = \frac{\mathrm{d}y}{\mathrm{d}x} = \tan\alpha - \frac{v_0}{v\cos\alpha} \qquad (3-3)$$

空气幕自由平流状态下，据空气幕射流口 x 处的平均速度 v'_x 为

$$v'_x = \frac{0.58v}{\sqrt{\dfrac{as}{b_0} + 0.205}} \qquad (3-4)$$

式中：a 为湍流系数，取 0.2；b_0 为空气幕喷口厚度，m；s 为空气幕中心轴上某一点距喷口的距离，m。

由于空气幕射流以一定的角度 α 喷射而出，空气幕的中心轴与 x 轴不重合，因此空气幕中心轴上某一点距喷口的距离 s 为

$$s = \frac{x}{\cos\alpha} \qquad (3-5)$$

将式（3-4）、式（3-5）代入式（3-3）可得：

$$\frac{\mathrm{d}y}{\mathrm{d}x} = \tan\alpha - \frac{v_0\sqrt{\dfrac{ax}{b_0\cos\alpha} + 0.205}}{0.58v\cos\alpha} \qquad (3-6)$$

对式（3-6）积分可得：

$$y = x\tan\alpha - \frac{2b_0 v_0}{1.74av}\left(\frac{ax}{b_0\cos\alpha} + 0.205\right)^{\frac{3}{2}} + C \qquad (3-7)$$

当 $y=0$ 时，可得空气幕的射程 h，即气流曲线与 x 轴相交点距喷口的距离：

$$h = x = \frac{0.7569 b_0 v^2 \sin^2\alpha\cos\alpha}{a v_0^2} \qquad (3-8)$$

若空气幕射程 h 小于隧道断面高度 H，则侵入隧道的空气量 Q_{in} 为

$$Q_{in} = v_0 B(H-h) \qquad (3-9)$$

当未开启空气幕时，外界自然风进入隧道的空气量 Q_{all} 为

$$Q_{all} = v_0 BH \qquad (3-10)$$

式中：B 为隧道断面最大跨径，m。

由式（3-9）和式（3-10）可得隧道空气幕的阻隔效率 η 为

$$\eta = \frac{Q_{all} - Q_{in}}{Q_{all}} = \frac{h}{H} = \frac{0.7569 b_0 v^2 \sin^2\alpha\cos\alpha}{a v_0^2 H} \qquad (3-11)$$

3.2.2　隧道空气幕阻隔效率参数标定

通过对式（3-11）分析可知，隧道空气幕的阻隔效率受射流速度、射流角度、射流厚度及自然风速的影响。采用控制变量法，应用 MATLAB 软件对式（3-11）进行参数标定，分别研究不同射流角度 α、射流速度 v、射流厚度 b_0 和自然风速 v_0 四种工况下对阻隔效率的影响。以中国草木沟隧道为研究对象，该隧道全年平均风速为 2m/s，不同计算工况下空气幕的阻隔效率如图 3-4 所示。

由图 3-4（a）可知，空气幕射流速度为 12m/s、射流厚度为 0.2m、自然风速为 2m/s 的计算工况下，空气幕在射流角度为 42°~67°时阻隔效率大于 1，其中在射流角度为 55°时阻隔效率达到最大值 1.1652，此时射流角度为最优值。

由图 3-4（b）可知，空气幕射流厚度为 0.2m、自然风速为 2m/s 的计算工况下，不同射流速度下的最优射流角度均为 55°；当射流风速低于外界自然风速 6 倍时，空气幕无

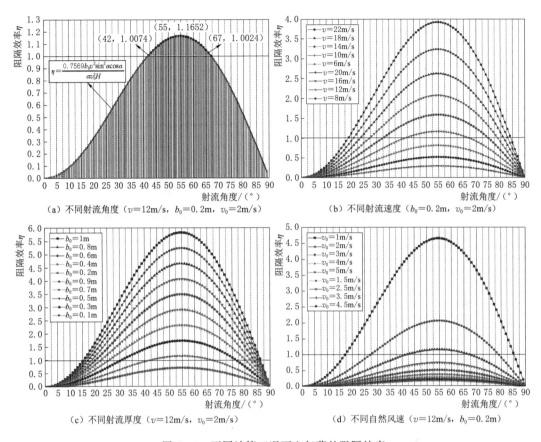

图 3-4　不同计算工况下空气幕的阻隔效率

法完全阻隔外界气流的入侵；随着射流速度的增加阻隔效率大于 1 的射流角度范围也随之增加，过大的射流速度不利于系统能耗的降低；因此，在空气幕装置射流厚度为 0.2m 时，空气幕的射流速度适宜取外界风速的 6 倍，射流角度的调控范围在 $42°\sim 67°$ 为宜。

由图 3-4（c）可知，空气幕射流速度为 12m/s、自然风速为 2m/s 的计算工况下，不同射流厚度下的最优射流角度均为 55°；随着射流厚度的增加空气幕的阻隔效率也随之增加，但是相同射流速度条件下，射流厚度的增大空气幕的能耗也将成倍增加；因此，在隧道外界年平均风速约 2m/s 时，射流厚度宜取 0.2m。

通过对图 3-4 的分析可知，空气幕射流厚度为 0.2m、射流速度为 12m/s 和射流角度为 $42°\sim 67°$ 时，能够满足草木沟隧道防寒保温需求。

3.2.3　隧道空气幕作用下洞内混合气流温度控制方程

当隧道不采用空气幕防寒保温系统时，隧道洞口处的温度等于隧道洞口外界的空气温度。当采用空气幕防寒保温系统后，空气幕装置喷射出的强气流形成的空气幕墙，在阻挡隧道外界冷空气进入隧道内部的同时，也会与外界冷空气进行热交换。此时，空气幕防寒保温系统作用下隧道洞内的气流温度可视为空气幕装置的射流空气量 Q_0 与未能阻挡侵入隧道的冷空气量 Q_{in} 混合之后的温度。

由于气流的热交换发生在绝热的保温室内并没有热量的损失，因此根据热平衡原理，隧道空气幕作用下洞内混合气流温度 t_{cm} 的具体公式为

$$t_{cm} = \frac{Q_{in}t_{in} + Q_0 t_0}{Q_{in} + Q_0} \tag{3-12}$$

$$Q_0 = vb_0 B \tag{3-13}$$

当混合空气气流温度 $t_{cm} \geqslant 0\text{℃}$，空气幕最佳射流温度 t_0 可由式（3-14）计算得出：

$$t_0 \geqslant -\frac{Q_{in}t_{in}}{Q_0} \tag{3-14}$$

式中：t_{in} 为隧道外界温度，℃。

3.3　空气幕作用下隧道围岩径向温度场分布的控制方程

3.3.1　空气幕作用下隧道围岩径向传热方程

在求解空气幕保温系统作用下寒区隧道围岩径向温度场解析解过程中，作出如下假设：①假设隧道横断面的形状为圆形；②假设隧道围岩材料为各项同性的均匀介质，且热物理学参数保持不变；③假设热量传导形式为热传导；④不考虑水-冰相变的影响。

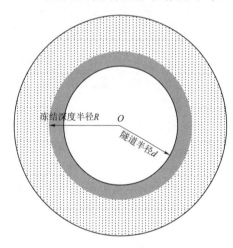

图 3-5　圆形隧道计算模型示意图

圆形隧道计算模型如图 3-5 所示，隧道的半径为 d，隧道的冻结深度半径为 R，隧道洞内气体温度为 T_a。三维等方向均匀介质中的热传导方程为

$$\frac{\partial T}{\partial t} = k\left(\frac{\partial^2 T}{\partial x^2} + \frac{\partial^2 T}{\partial y^2} + \frac{\partial^2 T}{\partial z^2}\right) \tag{3-15}$$

式中：$T = T(t, x, y, z)$ 为时间变量 t 与空间变量 (x, y, z) 的温度函数；$\dfrac{\partial T}{\partial t}$ 为空间中某一点的温度对时间的变化率；k 为围岩的热扩散率，m^2/s。

式（3-15）中的热扩散率 k 为

$$k = \frac{\lambda}{\rho c} = \frac{\lambda}{\chi} \tag{3-16}$$

式中：λ 为围岩的导热率，$\text{W}/(\text{m} \cdot \text{K})$；$\rho$ 为围岩的密度，kg/m^3；c 为围岩的热容，$\text{J}/(\text{kg} \cdot \text{K})$；$\chi$ 为围岩的体积比热。

将式（3-15）中的直角坐标系 (x, y, z) 转化为极坐标系 (r, θ, z)，其中直角坐标系与极坐标系对应关系为 $r^2 = x^2 + y^2$，$\theta = \arctan \dfrac{y}{x}$，$x = r\cos\theta$，$y = r\sin\theta$，$z = z$；分别对 $r^2 = x^2 + y^2$ 两端的 x 和 y 及 $x = r\cos\theta$，$y = r\sin\theta$ 进行偏导求解，即：

$$\begin{cases} \dfrac{\partial r}{\partial x} = \dfrac{x}{r} = \cos\theta \\[3mm] \dfrac{\partial r}{\partial y} = \dfrac{y}{r} = \sin\theta \end{cases} \tag{3-17}$$

$$\begin{cases} \dfrac{\partial \theta}{\partial x} = -\dfrac{\sin\theta}{r} \\[3mm] \dfrac{\partial \theta}{\partial y} = \dfrac{\cos\theta}{r} \end{cases} \tag{3-18}$$

坐标系转换为及极坐标系后，$T = T(r,\theta,z,t)$，$r = \sqrt{x^2 + y^2}$，$\theta = \arctan\dfrac{y}{x}$。因此，一次偏导数 $\dfrac{\partial T}{\partial x}$ 和 $\dfrac{\partial T}{\partial y}$ 可改写为

$$\begin{cases} \dfrac{\partial T}{\partial x} = \dfrac{\partial T}{\partial r}\dfrac{\partial r}{\partial x} + \dfrac{\partial T}{\partial \theta}\dfrac{\partial \theta}{\partial x} = \dfrac{\partial T}{\partial r}\cos\theta - \dfrac{\partial T}{\partial \theta}\dfrac{\sin\theta}{r} \\[3mm] \dfrac{\partial T}{\partial y} = \dfrac{\partial T}{\partial r}\dfrac{\partial r}{\partial y} + \dfrac{\partial T}{\partial \theta}\dfrac{\partial \theta}{\partial y} = \dfrac{\partial T}{\partial r}\sin\theta - \dfrac{\partial T}{\partial \theta}\dfrac{\cos\theta}{r} \end{cases} \tag{3-19}$$

二次偏导数 $\dfrac{\partial^2 T}{\partial x^2}$ 和 $\dfrac{\partial^2 T}{\partial y^2}$ 为

$$\begin{cases} \begin{aligned} \dfrac{\partial^2 T}{\partial x^2} &= \dfrac{\partial}{\partial x}\left(\dfrac{\partial T}{\partial x}\right) = \dfrac{\partial r}{\partial x}\dfrac{\partial}{\partial r}\left(\dfrac{\partial T}{\partial x}\right) + \dfrac{\partial \theta}{\partial x}\dfrac{\partial}{\partial \theta}\left(\dfrac{\partial T}{\partial x}\right) = \dfrac{\partial}{\partial r}\left(\dfrac{\partial T}{\partial x}\right)\cos\theta - \dfrac{\partial}{\partial \theta}\left(\dfrac{\partial T}{\partial x}\right)\dfrac{\sin\theta}{r} \\ &= \dfrac{\partial^2 T}{\partial r^2}\cos^2\theta + \dfrac{\partial T}{\partial \theta}\dfrac{2\sin\theta\cos\theta}{r^2} + \dfrac{\partial T}{\partial r}\dfrac{\sin^2\theta}{r} + \dfrac{\partial^2 T}{\partial \theta^2}\dfrac{\sin^2\theta}{r^2} \end{aligned} \\[6mm] \begin{aligned} \dfrac{\partial^2 T}{\partial y^2} &= \dfrac{\partial}{\partial y}\left(\dfrac{\partial T}{\partial y}\right) = \dfrac{\partial r}{\partial y}\dfrac{\partial}{\partial r}\left(\dfrac{\partial T}{\partial y}\right) + \dfrac{\partial \theta}{\partial y}\dfrac{\partial}{\partial \theta}\left(\dfrac{\partial T}{\partial y}\right) = \dfrac{\partial}{\partial r}\left(\dfrac{\partial T}{\partial y}\right)\sin\theta + \dfrac{\partial}{\partial \theta}\left(\dfrac{\partial T}{\partial y}\right)\dfrac{\cos\theta}{r} \\ &= \dfrac{\partial^2 T}{\partial r^2}\sin^2\theta - \dfrac{\partial T}{\partial \theta}\dfrac{2\sin\theta\cos\theta}{r^2} + \dfrac{\partial T}{\partial r}\dfrac{\cos^2\theta}{r} + \dfrac{\partial^2 T}{\partial \theta^2}\dfrac{\cos^2\theta}{r^2} \end{aligned} \end{cases} \tag{3-20}$$

将式（3-20）代入式（3-15）中可得极坐标系下的热传导方程为

$$\dfrac{\partial^2 T}{\partial r^2} + \dfrac{1}{r}\dfrac{\partial T}{\partial r} + \dfrac{1}{r^2}\dfrac{\partial^2 T}{\partial \theta^2} + \dfrac{\partial^2 T}{\partial z^2} = \dfrac{1}{r}\dfrac{\partial T}{\partial t} \tag{3-21}$$

当仅考虑围岩径向温度传热时，围岩径向温度场的热传导方程为

$$\dfrac{\partial T}{\partial t} = k\left(\dfrac{\partial^2 T}{\partial r^2} + \dfrac{1}{r}\dfrac{\partial T}{\partial r}\right) \tag{3-22}$$

1. 边界条件和初始条件

在求解非稳态的问题中不给定温度场的边界条件和初始条件，热传导微分方程式（3-22）将会有无数个解。本书中的边界条件是用于描述隧道围岩径向区域边界上的温度或热流密度；初始条件指的是时间坐标为 0（$t=0$）时隧道围岩径向区域内的温度分布情况。其中边界条件共分为以下三种形式：

（1）第一类边界条件。

边界上的温度是给定的，一般情况下边界温度既是时间又是位置的函数，采用 $T = f_i(r,t)$ 的形式表示。当边界上的温度 $T=0$ 时，这种特殊情况则称之为第一类齐次边

界条件。

（2）第二类边界条件。

边界面上温度的法向导数是给定的，这个法向导数可以既是时间又是位置的函数，采用 $\dfrac{\partial T}{\partial n_i}=f_i(r,t)$ 的形式表示。当边界面上的法向导数 $\dfrac{\partial T}{\partial n_i}=0$ 时，这种特殊情况则称之为第二类齐次边界条件。

（3）第三类边界条件。

边界上的温度和法向导数的线性组合是给定的，根据牛顿冷却定律（即传递热量正比与温度差）的对流换热，第三类边界条件采用 $k_i\dfrac{\partial T}{\partial n_i}+h_iT=f_i(r,t)$ 的形式表示。当热量以对流的方式传递给温度为 0℃ 的环境，即 $k_i\dfrac{\partial T}{\partial n_i}+h_iT=0$ 时，这种特殊情况则称之为第三类齐次边界条件。

综上分析可知空气幕作用下径向温度场解析解的边界条件属于第三类边界条件，边界条件如下所示：

$$\lambda\frac{\partial T}{\partial r}=h_f[T-f(z,t)],\ r=d,\ t>0 \tag{3-23}$$

式中：λ 为围岩的导热率，$W/(m\cdot K)$；h_f 为隧道空气-围岩的对流换热系数，$W\cdot m^{-2}\cdot ℃^{-1}$；$f(z,t)$ 为隧道洞内气体温度，℃。

初始条件：

$$T=T_0,\ d<r<R,\ t=0 \tag{3-24}$$

式中：T_0 为围岩初始温度，℃。

空气幕保温作用下，隧道围岩径向温度的传导属于瞬态非齐次边界条件传热问题，因此在求解空气幕作用下隧道围岩解析解之前，采用叠加原理将式（3-22）～式（3-24）的非齐次边界条件转化成齐次边界条件是必要的。

对式（3-22）～式（3-24）进行变量替换，令空气幕作用下的混合气流温度与围岩初始温度的温差 $U=T-T_0$，则式（3-22）改写为

$$\frac{\partial U}{\partial t}=k\left(\frac{\partial^2 U}{\partial r^2}+\frac{1}{r}\frac{\partial U}{\partial r}\right) \tag{3-25}$$

式（3-23）的边界条件改写为

$$\lambda\frac{\partial U}{\partial r}=h_fU+h_f[T_0-f(z,t)],\ r=d,\ t>0 \tag{3-26}$$

式（3-24）的初始条件改写为

$$U=0,\ d<r<R,\ t=0 \tag{3-27}$$

采用线性微分方程的叠加原理，将式（3-25）的变量 $U=U(r,t)$ 分离成下列形式：

$$U(r,t)=\varphi(r)[f(z,t)-T_0]+\phi(r,t) \tag{3-28}$$

式中：$\varphi(r)$ 为二阶非齐次线性微分方程 $U(r,t)$ 的齐次通解；$\phi(r,t)$ 为二阶非齐次线性微分方程 $U(r,t)$ 的齐次特解。

2. 方程 $\varphi(r)$ 的解

由于方程 $\varphi(r)$ 与原方程 $U(r, t)$ 有相同的定义域,因此方程 $\varphi(r)$ 有非齐次边界条件的稳态热传导问题的解。

$$\frac{\partial^2 \varphi}{\partial r^2} + \frac{1}{r}\frac{\partial \varphi}{\partial r} = 0, \quad d < r < R \tag{3-29}$$

式(3-29)的边界条件为

$$h_f \varphi(r) - \lambda \frac{\partial \varphi}{\partial r} = h_f, \quad r = d \tag{3-30}$$

$$\varphi(r) = 0, \quad r = R \tag{3-31}$$

设 $y = \varphi'(r)$ 对式(3-29)进行求解,求解过程如下所示:

$$y' + \frac{1}{r}y = 0 \Rightarrow \frac{dy}{y} = -\frac{dr}{r} \Rightarrow \ln y = -\ln r + C_1 \Rightarrow y = -\frac{C_1}{r} \tag{3-32}$$

由式(3-32)可求得方程 $\varphi(r)$ 的解为

$$\varphi(r) = C_1 \ln r + C_2 \tag{3-33}$$

式中:C_1、C_2 为常数。

将边界条件、初始条件代入式(3-33),即可得到 $\varphi(r)$ 的解析解为

$$\varphi(r) = \frac{d h_f \ln \dfrac{r}{R}}{h_f \ln \dfrac{d}{R} - \lambda} \tag{3-34}$$

3. 方程 $\phi(r, t)$ 的解

由于方程 $\phi(r, t)$ 与原方程 $U(r, t)$ 有相同的定义域,因此方程 $\phi(r, t)$ 有齐次边界条件的非稳态热传导问题的解。

$$\frac{\partial \phi}{\partial t} = k\left(\frac{\partial^2 \phi}{\partial r^2} + \frac{1}{r}\frac{\partial \phi}{\partial r}\right), \quad d < r < R \tag{3-35}$$

式(3-35)的边界条件为

$$h_f \phi(r, t) - \lambda \frac{\partial \phi}{\partial r} = 0, \quad r = d \tag{3-36}$$

$$\phi(r, t) = 0, \quad r = R \tag{3-37}$$

式(3-35)的初始条件为

$$\phi(r, t) = \frac{d h_f \ln \dfrac{r}{R}}{d h_f \ln \dfrac{d}{R} - \lambda}\left[f(z, t) - T_0\right], \quad d < r < R, \quad t = 0 \tag{3-38}$$

采用分离变量法对式(3-35)进行求解,将变量 $\phi = \phi(r, t)$ 分离成下列形式:

$$\phi(r, t) = \psi(r)\Gamma(t) \tag{3-39}$$

则式(3-35)转变为

$$\Gamma(t)\left(\frac{\partial^2 \psi}{\partial r^2} + \frac{1}{r}\frac{\partial \psi}{\partial r}\right) = \frac{\psi}{k}\frac{d\Gamma(t)}{dt} \tag{3-40}$$

$$\frac{1}{\psi}\left(\frac{\partial^2\psi}{\partial r^2}+\frac{1}{r}\frac{\partial\psi}{\partial r}\right)=\frac{1}{k\,\Gamma(t)}\frac{\mathrm{d}\Gamma(t)}{\mathrm{d}t}=-\lambda^2 \tag{3-41}$$

式中：λ^2 为分离常数。

由式（3-41）可得分离方程为

$$\frac{\mathrm{d}\Gamma(t)}{\mathrm{d}t}+k\,\Gamma(t)\lambda^2=0 \tag{3-42}$$

$$\frac{\partial^2\psi}{\partial r^2}+\frac{1}{r}\frac{\partial\psi}{\partial r}+\lambda^2\psi=0 \tag{3-43}$$

式（3-42）进行求解可得

$$\Gamma(t)=e^{-k\lambda^2 t} \tag{3-44}$$

式（3-43）为贝塞尔微分方程，采用贝塞尔函数的正交及展开定理解得

$$\phi(r,t)=\sum_{n=1}^{\infty}\frac{R_0(\beta_n,r)}{\beta_n N(\beta_n)}e^{-k\lambda^2 t}[T_0-f(r,0)]\cdot[A_1 C(\beta_n)+B_1 D(\beta_n)] \tag{3-45}$$

其中：

$$A_1=\frac{\mathrm{d}h_f}{\mathrm{d}h_f\ln(d/R)-\lambda} \tag{3-46}$$

$$B_1=-\frac{\mathrm{d}h_f\ln(R)}{\mathrm{d}h_f\ln(d/R)-\lambda} \tag{3-47}$$

$$
\begin{aligned}
C(\beta_n)=&R\ln(R)[J_1(\beta_n R)Y_0(\beta_n R)-J_0(\beta_n R)Y_1(\beta_n R)]\\
&-d\ln(d)[J_1(\beta_n d)Y_0(\beta_n R)-J_0(\beta_n R)Y_1(\beta_n d)]
\end{aligned} \tag{3-48}
$$

$$
\begin{aligned}
D(\beta_n)=&R[J_1(\beta_n R)Y_0(\beta_n R)-J_0(\beta_n R)Y_1(\beta_n R)]\\
&-d[J_1(\beta_n d)Y_0(\beta_n R)-J_0(\beta_n R)Y_1(\beta_n d)]
\end{aligned} \tag{3-49}
$$

$$R_0(\beta_n,r)=J_0(\beta_n r)Y_0(\beta_n R)-J_0(\beta_n R)Y_0(\beta_n r) \tag{3-50}$$

$$\frac{1}{N(\beta_n)}=\frac{\pi^2\beta_n^2[\lambda\beta_n J_1(\beta_n d)-h_f J_0(\beta_n d)]^2}{2[\lambda\beta_n J_1(\beta_n d)-h_f J_0(\beta_n d)]^2-h_f\lambda J_0^2(\beta_n R)} \tag{3-51}$$

式中：J_0 和 J_1 为第一类贝塞尔函数；Y_0 和 Y_1 为第二类贝塞尔函数。

特征值 β_n 的计算关系式如式（3-52）所示：

$$[\lambda\beta_n J_1(\beta_n d)+h_f J_0(\beta_n d)]\cdot Y_0(\beta_n R)-[\lambda\beta_n Y_1(\beta_n d)+h_f Y_0(\beta_n d)]\cdot J_0(\beta_n R)=0$$

$$\tag{3-52}$$

由式（3-28）、式（3-34）和式（3-45）可得空气幕保温系统作用下隧道围岩径向温度场的解析解：

$$
\begin{aligned}
T(r,t)=&\frac{\mathrm{d}h_f\ln(r/R)}{\mathrm{d}h_f\ln(d/R)-\lambda}\cdot[f(z,t)-T_0]\\
&+\sum_{n=1}^{\infty}\frac{R_0(\beta_n,r)}{\beta_n N(\beta_n)}e^{-k\lambda^2 t}[T_0-f(r,0)]\cdot[A_1 C(\beta_n)+B_1 D(\beta_n)]+T_0
\end{aligned}
$$

$$\tag{3-53}$$

3.3.2　隧道空气幕保温效果分析

为了验证空气幕保温系统的保温效果，以草木沟隧道为工程依托，对式（3-53）进

行赋值计算,计算草木沟隧道在空气幕保温系统作用下隧道洞口段围岩径向温度场的变化规律及空气幕作用下的保温效果。计算参数如表 3-1 所示。

表 3-1　　　　　　　　　　　　解 析 解 计 算 参 数

参数	R/m	d/m	$h_f/(\mathrm{W \cdot m^{-2} \cdot {}^{\circ}\!C^{-1}})$	$k/(\mathrm{m^2/s})$	$T/{}^{\circ}\!C$
取值	8	6	15	3.42	5

由图 3-6 解析解计算值可知,草木沟隧道在空气幕保温系统作用下隧道围岩温度均维持在 0℃ 以上,隧道洞口段从隧道壁面至隧道径向深度 2m 处均未发生冻害。因此,该计算模型可为寒区隧道空气幕防冻设计提供一种理论基础和计算方法。

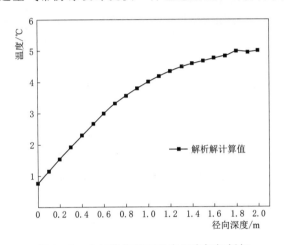

图 3-6　空气幕作用下径向温度场解析解

第4章　寒区隧道空气幕保温试验系统研发及其应用

本章以草木沟隧道为原型，设计并研制了不同环境气温、外界风速、空气幕射流速度、射流温度和射流角度等条件下的寒区隧道空气幕保温模型试验系统，验证空气幕作用下隧道围岩径向温度场控制方程的准确性，研究空气幕作用下寒区隧道温度场的演化规律及其保温效果。

4.1　模型试验系统

4.1.1　试验假设

由于隧道内的空气流场和温度场是非常复杂的问题，再加上考虑空气幕作用下流体与固体对流换热和围岩热传导耦合问题，就使得问题更为复杂。所以本试验为了简化，作出如下假定：

（1）气流为不可压缩的理想流体。

不可压缩的理想流体是指在气体流动过程中的密度变化可以忽略不计的气流运动。气体流动过程中的密度容易受到压力的影响而发生变化，在空气动力学的研究中，气体流动的马赫数是判定气体密度变化是否可以忽略不计的重要依据。当马赫数低于 0.3 时，即近地表 25℃气温时马赫数为 0.3，气体流速低于 102m/s，气体的压缩性可忽略不计。通常情况下，隧道内的风速均小于 12m/s，因此隧道内流动的空气可视为不可压缩流体。

（2）气体流动为湍流。

气体的流动状态一般分为层流和湍流。试验中的流速在 1~12m/s 之间，且流体质点相互混合，运动无序，运动要素具有随机性，因此将气体的流动假设为湍流状态。气流的流动状态一般用雷诺数来判定，通过计算本试验中原型与模型的雷诺数均满足湍流的条件。

（3）气流、围岩均为连续介质。

将洞内气流视为连续介质，单位时间流程各断面通过的流体质量不变，服从连续性定律。对于围岩和衬砌而言，均为独立的各向同性、均匀的连续介质。

4.1.2　模型相似比

依据工程力学相似理论，任何两个物理现象相似是指在几何学、动力学和运动学上都达到相似。因此只要保证几何条件（或空间条件）、介质条件（或物理条件）、边界条件和初始条件（或时间条件）相似，就可以保证两个流体现象相似。由相似三定理的充要条件可知，两个物理现象相似需要满足 4 个相似特征数对应相等和 2 个不可压缩黏性流动相似，这 4 个相似特征数分别是傅里叶数 Fo、斯特劳哈尔数 Sr、普朗特数 Pr 和雷诺数

Re，具体公式如下：

$$Fo = \frac{\beta t}{L^2} \tag{4-1}$$

$$Sr = \frac{L}{\nu s} \tag{4-2}$$

$$Pr = \frac{c_p \mu}{\lambda} \tag{4-3}$$

$$Re = \frac{\nu L}{\mu} \tag{4-4}$$

式中：β 为热扩散系数，m^2/s；L 为特征长度，m；s 为特征时间，s；ν 为运动黏度，m^2/s；c_p 为比热容，$J/(kg \cdot K)$；μ 为空气运动黏度，m/s；λ 为导热系数，$W/(m \cdot K)$。

4.1.3 可行性分析

雷诺数最直观的物理意义在于判断流体是层流还是湍流，以及湍流的激烈程度。雷诺数较小时，黏滞力对流场的影响大于惯性，流体处于层流状态。随着雷诺数的增加，惯性对流场的影响大于黏滞力，流动能量的损失主要决定于惯性运动，黏滞力的影响可以忽略不计。当雷诺数继续增大时，湍流的激烈程度几乎不再变化，沿程损失系数也不再变化，其值只与相对粗糙度有关，处于相同自模区内流体的流动状态相似。保温室原型和模型内壁面材质分别为混凝土壁面和保温板，原型的相对粗糙度为 0.002，模型的相对粗糙度为 0.03。由莫迪图可知，当相对粗糙度分别为 0.002 和 0.03 时，雷诺数 Re 分别大于 600000 和 30000 时，即进入第二自模区。当流体进入第二自模区，流体进入完全的湍流区。由式（4-4）计算得到不同风速下原型与模型的雷诺数 Re（空气运动黏度 μ 为 0.0000152m/s）如表 4-1 所示。

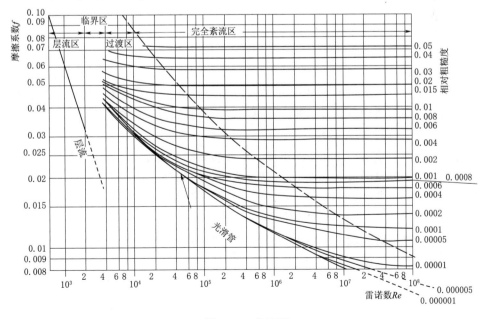

图 4-1 莫迪图

表 4 - 1   不同风速下原型与模型的雷诺数

风速/(m/s)	原型	模型	风速/(m/s)	原型	模型
1	1315789	65789	8	10526316	526316
2	2631579	131579	10	13157895	657895
4	5263158	263158	12	15789474	789474
6	7894737	394737			

由表 4 - 1 知，当外界风速为 1m/s 时，风速范围内原型和模型隧道内气体的雷诺数均大于其第二自模区的雷诺数，即流体进入完全的湍流区。原型和模型的流动状态满足相似要求，因此该模型试验系统在理论上具有可行性。根据试验场地实际条件，综合考虑了试验精度和可实施性，本试验系统的几何相似比确定为 $l_{m}:l_{p}=1:20$（下角标 m 和 p 分别表示模型和原型）。由式（4-1）～式（4-3）计算可得模型试验系统的相似比如表 4-2 所示。

表 4 - 2   试验系统相似比（模型：原型）

名　　称	符号	比值	依　据	备　注
几何	C_{l}	1:20	综合因素	试验精度和可实施性
风速	C_{v}	1:20	斯特劳哈尔数 Sr	—
时间相似比	C_{t}	1:400	傅里叶数 Fo	—
密度	C_{ρ}	1:1	—	同种流体
温度	C_{T}	1:1	普朗特数 Pr	—
热扩散率	C_{α}	1:1	—	同种流体
动力黏度系数	C_{μ}	1:1	—	同种流体
导热系数	C_{λ}	1:1	—	相似材料
比热容	C_{p}	1:1	—	相似材料

4.1.4　系统组成

寒区隧道空气幕保温试验系统由外界环境控制系统、隧道模型、隧道空气幕保温装置、围岩地温控制系统和监测系统等 5 部分组成。试验系统总体结构图如图 4-2 所示。

（1）外界环境控制系统。

外界环境控制系统由冷库和风机组成。冷库的高度、宽度、长度分别为 2.5m、2.5m、7m，冷库的温度控制范围为 0～-20℃，精度为 1℃。风机的射流风速为 0～5m/s，精度为 0.1m/s。

（2）隧道模型。

隧道模型是整个试验系统的主体结构，包括试验箱体、围岩相似材料和隧道衬砌缩尺模型等 3 部分组成，如图 4-3 所示。

隧道模型中试验箱体由 10cm 厚的保温板拼装而成，围岩采用与实际围岩相同导热系数的相似材料，隧道衬砌缩尺模型采用混凝土结构。其中围岩相似材料的选取及配合比设计如下所示。

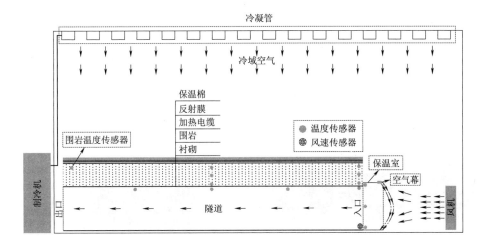

图 4-2 试验系统总体结构图

1）材料选取及配合比设计。

采用正交试验法，选取土、砂、玄武石和抗冻液作为围岩相似材料。该正交试验设有 4 个因素，每个因素设置 3 个水平，采用 4 因数 3 水平正交试验进行 9 次不同配合比方案的设计，记 L9(34)，正交试验配合比设计方案如表 4-3 所示。

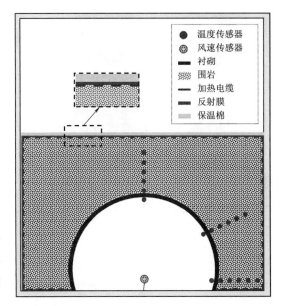

图 4-3 隧道模型示意

2）相似材料制作与测试分析。

首先，将称量好的土、砂和玄武石放入搅拌桶中均匀搅拌，然后添加抗冻液进行搅拌，最后将搅拌均匀后的混合材料装入模具中并压实到位。相似材料养护 28d 后进行导热系数的测定，其试样制作与测试过程如图 4-4 所示。

试样导热系数的测试采用 DRP-Ⅱ 导热系数仪进行测量，围岩相似材料导热系数试验结果如表 4-4 所示。

表 4-3　　　　　　　　　　正交试验配合比设计方案

编号	土	砂	玄武石	抗冻液
ZJ-1	3	1	5	0.5
ZJ-2	3	2	6	1
ZJ-3	3	3	7	1.5
ZJ-4	4	1	6	1.5
ZJ-5	4	2	7	0.5

编号	土	砂	玄武石	抗冻液
ZJ - 6	4	3	5	1
ZJ - 7	5	1	7	1
ZJ - 8	5	2	5	1.5
ZJ - 9	5	3	6	0.5

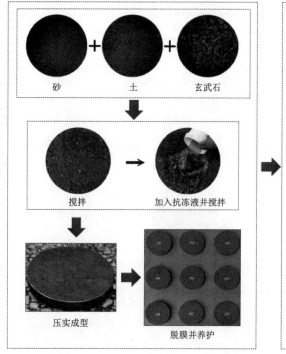

（a）试样制作过程　　　　　　　　　（b）导热系数测试原理与过程

图 4 - 4　试样制作与测试过程

表 4 - 4　　　　　　　　围岩相似材料导热系数试验结果

编号	土/g	砂/g	玄武石/g	抗冻液/g	导热系数/$(W \cdot m^{-1} \cdot ℃^{-1})$
ZJ - 1	105.00	35.00	175.00	17.50	2.17
ZJ - 2	90.00	60.00	180.00	30.00	2.70
ZJ - 3	75.00	75.00	175.00	37.50	2.02
ZJ - 4	120.00	30.00	180.00	45.00	1.93
ZJ - 5	100.00	50.00	175.00	12.50	2.66
ZJ - 6	106.67	80.00	133.33	26.67	1.69
ZJ - 7	125.00	25.00	175.00	25.00	2.72
ZJ - 8	137.50	55.00	137.50	41.25	1.97
ZJ - 9	116.67	70.00	140.00	11.67	2.60

由表 4-4 可知，围岩相似材料的导热系数为 $1.69 \sim 2.72 \mathrm{W} \cdot \mathrm{m}^{-1} \cdot {}^{\circ}\mathrm{C}^{-1}$，导热系数的敏感性排序为：玄武石（5.27%）、抗冻液（5.03%）、砂（3.39%）和土（3.36%）。玄武石的导热系数在相似材料中的导热系数最大，因此对于相似材料的导热系数是最敏感的因素。土和砂的导热系数相近，因此对于相似材料的敏感性相差不大。

由于本书的研究对象草木沟隧道的围岩导热系数为 $2.022 \mathrm{W} \cdot \mathrm{m}^{-1} \cdot {}^{\circ}\mathrm{C}^{-1}$，比热容为 $1256 \mathrm{J} \cdot \mathrm{kg}^{-1} \cdot {}^{\circ}\mathrm{C}^{-1}$，围岩密度为 $2025 \mathrm{kg/m}^3$；衬砌导热系数为 $1.62 \mathrm{W} \cdot \mathrm{m}^{-1} \cdot {}^{\circ}\mathrm{C}^{-1}$，比热容为 $960 \mathrm{J} \cdot \mathrm{kg}^{-1} \cdot {}^{\circ}\mathrm{C}^{-1}$，围岩密度为 $2400 \mathrm{kg/m}^3$。如表 4-5 所示，隧道模型采用相似材料制作，其中围岩材料由玄武石、砂、抗冻液和土等材料按照 7∶3∶1.5∶3 比例配制而成；隧道衬砌材料由水泥、细骨料、粗骨料和水等材料按照 1∶1.77∶0.88∶0.54 比例配制而成。

表 4-5 　　　　　　　　　　　　相似材料热力学参数

名称	导热系数/(W·m⁻¹·℃⁻¹)	比热容/(J·kg⁻¹·℃⁻¹)	密度/(kg/m³)
围岩	2.022	1256	2025
衬砌	1.62	960	2400

（3）隧道空气幕保温装置。

隧道空气幕保温装置安装在隧道洞口的前端，由保温室和空气幕组成，如图 4-5 所示。保温室由 10cm 厚的保温板拼装而成。空气幕工作状态分为常温和加热两种，低档时射流风速为 8m/s，高档时射流风速为 10m/s，射流温度为 $40 \sim 55{}^{\circ}\mathrm{C}$，精度为 $1{}^{\circ}\mathrm{C}$，射流厚度为 5cm。图 4-5 中 B-1、B-2、B-3、B-4、B-5 和 B-6 为空气幕后端的风速测量点位置，分别位于左侧和中部的上、中、下位置。

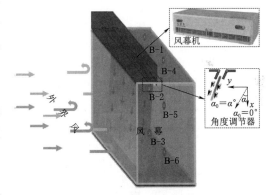

图 4-5　隧道前端空气幕保温装置

（4）围岩地温控制系统。

围岩地温控制系统由加热电缆、围岩地温温度传感器和温控器组成，如图 4-6 所示。加热电缆由碳纤维发热体、特氟龙耐热层、聚乙烯绝热层和改性 PVC 耐腐蚀层组成；加热电缆铺设在保温板和反射膜之上，采用卡扣钉固定。温控器安装于冷库外，温度调控范围为 $0{}^{\circ} \sim 60{}^{\circ}$，精度为 $1{}^{\circ}\mathrm{C}$；同时围岩地温温度传感器与温控器相连，实时监测围岩地温并传输至温控器。

（5）监测系统。

监测系统由温度传感器、风速传感器、数据转换器、数据采集系统和 PC 端组成。温度传感器和风速传感器的测点布置如图 4-7 所示。

如图 4-7 所示，风速传感器布置在隧道洞口底部，用于测定风机模拟隧道外界空气侵入隧道内部的风速。温度传感器分别布置在保温室的上、中、下位置、隧道围岩径向和

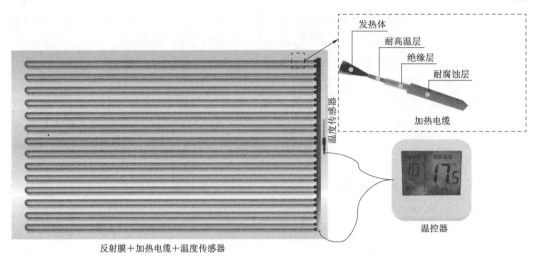

图 4 - 6　围岩地温控制装置

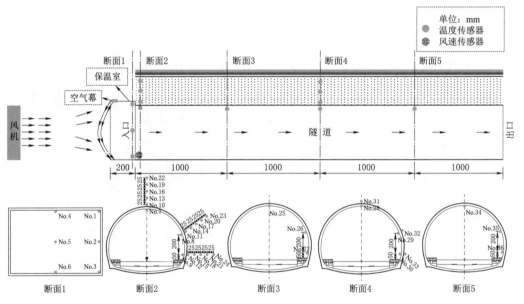

图 4 - 7　测点布置

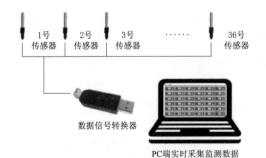

图 4 - 8　数据采集过程

隧道洞内纵向方向，分别用于监测空气幕作用下保温室内的温度变化规律、隧道纵向温度场的变化规律和隧道径向温度场的变化规律。

　　数据采集系统用于收集温度传感器所测量的数据，共 36 个通道，每秒记录一次数据，数据采集过程如图 4 - 8 所示。

4.2　试验过程及方法

主要试验过程分为 6 个步骤：

第 1 步是搭建外界环境控制系统。外界环境控制系统由冷库和风机组成。冷库是由保温板、冷凝管、制冷压缩机和温控器组成，其温控范围为 $0 \sim -30℃$，精度为 $1℃$。风机用于模拟外界自然风，其风速调控范围为 $0 \sim 5m/s$，精度为 $0.1m/s$。

第 2 步是浇筑衬砌结构。按 $1:20$ 比例制作隧道衬砌模板，衬砌模板分为内外两层；在衬砌模板上涂抹脱模剂，如图 4-9（a）所示，采用螺母固定衬砌模板的内层和外层，将水泥、细骨料、粗骨料和水制成的衬砌材料浇筑到模板中，如图 4-9（b）所示，24h 后进行脱膜并养护，如图 4-9（c）所示。

（a）涂抹脱模剂　　　　（b）浇筑衬砌混凝土　　　（c）脱膜并组装　　　　（d）安装反射膜
　　并固定模板　　　　　　　　　　　　　　　　　衬砌结构　　　　　　和加热电缆

（e）围岩材料和　　　　（f）安装保温室　　　　　（g）安装风机　　　　　（h）数据采集
　　温度传感器　　　　　　和空气幕

图 4-9　主要试验过程

第 3 步是安装及调试围岩地温控制系统。在试验箱体内部铺设反射膜，采用卡扣钉将加热电缆等间距固定在试样箱体内部，通过温控器调节加热电缆发热功率，调节围岩地温的变化，如图 4-9（d）所示。

第 4 步是安装及调试风速和温度传感器。风速传感器设置在隧道洞口，共 1 个监测点。温度传感器布置在保温室内、隧道衬砌表面和隧道围岩材料内部，共有 36 个监测点，如图 4-9（e）所示。

第 5 步是研制及填筑地层相似材料。以草木沟隧道为原型，围岩材料由玄武石、砂、抗冻液和土等材料按照 7∶3∶1.5∶3 比例配制而成，分层填筑并压实，如图 4 - 9（e）所示。

第 6 步是安装及调试隧道空气幕保温装置。隧道空气幕保温装置由保温室和空气幕组成，如图 4 - 9（f）所示。保温室由 10cm 厚的保温板拼装而成。空气幕布置在隧道保温室的顶部，采用顶吹式，利用空气幕竖向的强风，阻隔外界寒冷气流入侵隧道内部。

4.3　可靠性验证

4.3.1　隧道径向温度场模型试验值与现场测试值对比

为了验证试验系统的可靠性，分别选取试验中 No.11 断面温度测试值与草木沟隧道现场温度的测试值进行对比。No.11 断面温度值数据对比如图 4 - 10 所示。

试验中断面 No.11 温度测试值与草木沟隧道现场相对应位置处的温度测试值吻合度较好，且温度场演化规律基本相同，可以看出试验系统测试得到的温度场演化规律可靠可信。

4.3.2　隧道径向温度场模型试验值与解析解对比

为了验证空气幕作用下围岩径向温度场解析解的可靠性，以草木沟隧道为研究对象，将隧道径向温度场模型试验值与第 3 章中空气幕作用下隧道围岩径向温度场解析解进行对比验证。

图 4 - 11 所示为空气幕作用下围岩径向温度场解析解与模型试验的对比结果。在空气幕作用下，隧道围岩温度均在 0℃ 以上，同时理论计算和模型试验的结果差别不大，可见式（3 - 53）可以较为准确地计算出空气幕作用下隧道围岩径向温度的变化。因此，该计算模型和方法是可靠的，为寒区隧道防冻设计的理论基础和计算方法，同时可以节省大量隧道温度场的监测费用。

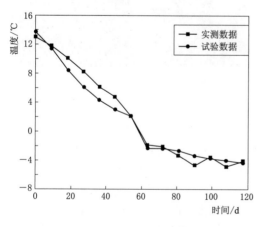

图 4 - 10　No.11 断面温度值数据对比

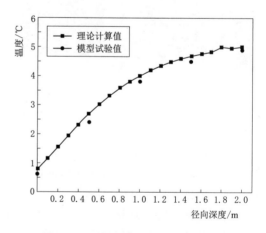

图 4 - 11　模型试验值与理论值对比

4.4 试验结果分析

4.4.1 空气幕最优射流角度

采用控制变量法,当空气幕的射流厚度 b_0 为 5cm,射流速度 v_0 为 10m/s 和 12m/s,外界风速 v 为 1.5m/s、3m/s 和 5m/s 时,改变空气幕的射流角度 α,不同外界风速、不同射流速度下最优射流角度变化规律,如图 4 - 12 和图 4 - 13 所示。

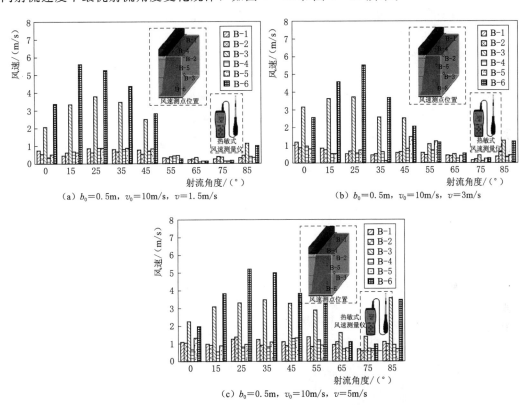

(a) $b_0=0.5m$, $v_0=10m/s$, $v=1.5m/s$

(b) $b_0=0.5m$, $v_0=10m/s$, $v=3m/s$

(c) $b_0=0.5m$, $v_0=10m/s$, $v=5m/s$

图 4 - 12 射流速度为 10m/s,不同外界风速下的阻隔效率

由图 4 - 12 分析可知,射流速度为 10m/s、射流厚度为 0.5cm 条件下,当外界风速为 1.5m/s 时,空气幕装置最优阻隔效率的喷射角度为 55°~75°;当外界风速为 3m/s 时,空气幕装置最优阻隔效率的喷射角度为 65°~75°;当外界风速为 5m/s 时,空气幕装置最优阻隔效率的喷射角度为 75°左右。对比分析图 4 - 12 和图 4 - 13 可知,射流风速对最优射流角度的影响不大,两种射流风速下,最优射流的变化规律基本相同。

在相同条件下,由式(3 - 11)计算得出空气幕射流角度与阻隔效率关系,如图 4 - 14 所示。

由此可见,空气幕的射流角度主要取决于外界风速的大小,实际运营中应根据外界风速的大小进行调整。"3.2.2 隧道空气幕阻隔效率参数标定"中,通过隧道空气幕计算理论确定的空气幕装置最优阻隔效率的喷射角度为 42°~67°,该射流角度的取值范围与试验

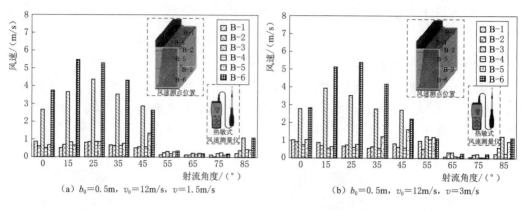

（a）$b_0=0.5\text{m}$, $v_0=12\text{m/s}$, $v=1.5\text{m/s}$　　　　（b）$b_0=0.5\text{m}$, $v_0=12\text{m/s}$, $v=3\text{m/s}$

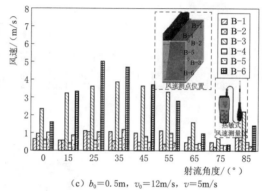

（c）$b_0=0.5\text{m}$, $v_0=12\text{m/s}$, $v=5\text{m/s}$

图 4-13　射流速度为 12m/s，不同外界风速下的阻隔效率

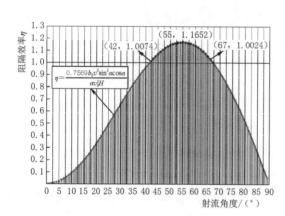

图 4-14　理论计算的空气幕射流角度与
阻隔效率关系

值结果相近，通过试验进一步验证了隧道空气幕计算理论的准确性。

4.4.2　常温空气幕适应性分析

（1）不同外界风速下，隧道衬砌和围岩接触面的温度变化规律。

空气幕可分为常温空气幕和热温空气幕两种。为了进一步验证常温空气幕的适应性，当空气幕射流角度为 65°，射流速度为 10m/s，隧道外界的环境气温为 -5℃ 时，改变隧道外界风速，分别开展当隧道外界的风速分别为 3m/s 和 5m/s 时，空气幕开启和关闭条件下隧道衬砌和围岩接触面的温度场变化规律，如图 4-15 所示。

空气幕关闭时，当隧道外界的环境气温为 -5℃，隧道外界的风速为 3m/s，在试验持续 50d 的情况下，隧道衬砌和围岩接触面后开始出现负温分布，此种条件下，若是此处结构存水，容易诱发隧道结构冻害；当空气幕开启时，在试验持续 120d 的情况下，隧道衬砌和围岩接触面后没有出现负温分布，说明空气幕具有较好的保温效果。空气幕开启时，当隧道外界风速增大到5m/s时，试验持续75d的情况下，隧道衬砌和围岩接触面后开始出现负温分布，此种条件下，常温空气幕保温效果失效。

（2）不同环境气温下，隧道衬砌和围岩接触面的温度变化规律。

当空气幕射流角度为65°，射流速度为10m/s，外界风速为3m/s时，改变隧道外界的环境气温，分别开展隧道外界环境气温为−10℃和−15℃时，空气幕开启和关闭条件下隧道衬砌和围岩接触面的温度场变化规律，如图4-16所示。

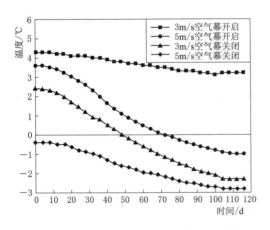

图4-15　不同外界风速下隧道衬砌和围岩
接触面的温度场变化规律

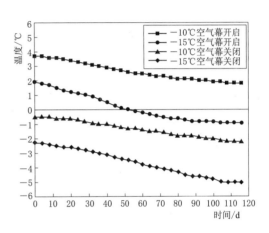

图4-16　不同外界温度下隧道衬砌和围岩
接触面的温度场变化规律

空气幕关闭时，当隧道外界的风速为3m/s，隧道外界的环境气温为−10℃，隧道衬砌和围岩接触面后很快出现负温分布，此种条件下，若是此处结构存水，容易诱发隧道结构冻害。当空气幕开启时，试验持续120d的情况下，隧道衬砌和围岩接触面后没有出现负温分布，说明空气幕具有较好的保温效果。然而，空气幕开启时，当隧道外界的环境气温为−15℃时，试验持续55d的情况下，隧道衬砌和围岩接触面后开始出现负温分布，此种条件下，常温空气幕保温效果失效。

4.4.3　热温空气幕适应性分析

为了进一步验证热温空气幕适应性，设定隧道外界的环境气温为−20℃，空气幕的工作状态为加热模式，加热温度至55℃，采用空气幕的高档射流模式，射流速度为10m/s，调整空气幕的喷射角度至阻隔效率的最佳值65°，改变隧道外界的风速，分别开展当隧道外界的风速分别为1.5m/s、3m/s和5m/s时，热温空气幕作用下隧道洞内气温变化规律，如图4-17所示。

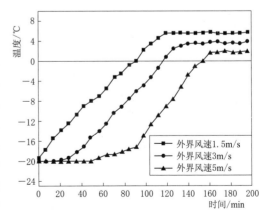

图4-17　热温空气幕作用下洞内气温的变化规律

 由"4.4.2 常温空气幕适应性分析"中的试验结果可知，当隧道洞外空气温度为低于−15℃时，试验持续 55d 后常温空气幕已经无法确保隧道不发生冻害。此时需要采用空气幕装置的加热模式，对侵入隧道内的冷空气进行混合加热。当外界风速为 1.5m/s 时，热温空气幕开启 85min 后，隧道洞内空气的温度开始出现正温。当外界风速为 3m/s 时，热温空气幕开启 120min 后，隧道洞内空气的温度开始出现正温。当外界风速为 5m/s 时，热温空气幕开启 150min 后，隧道洞内空气的温度开始出现正温。随着外界风速的增大，开启热温空气幕后隧道洞内气温出现正温的时间增长。

第 5 章　基于正交实验的空气幕保温系统参数设计

为进一步探究寒区隧道空气幕保温系统的可行性及其保温效果。本章将利用 ICEM CFD 软件建立空气幕作用下草木沟隧道流-固耦合导热传热计算模型，导入 ANSYS FLUENT 软件进行数值模拟计算，基于正交试验研究空气幕各参数对阻隔效率的影响程度，探究空气幕不同参数下的流场变化规律及空气幕保温系统的保温效果。

5.1　寒区隧道流-固耦合数值计算模型

5.1.1　控制方程

Fluent 在计算流体、热传递等工程问题中需遵守物理守恒定律，主要包括质量守恒定律、动量守恒定律和能量守恒定律。同时假设气体运动为湍流，其中湍流模型选用 k-ω 二方程模型。控制方程如下：

质量守恒方程：

$$\frac{\partial \rho}{\partial t} + \frac{\partial}{\partial x_i}(\rho u_i) = S_\mathrm{m} \tag{5-1}$$

式中：ρ 为流体密度，$\mathrm{kg/m^3}$；t 为时间，s；u_i 为 i 方向上的速度，m/s；S_m 为源项。

动量守恒方程：

$$\frac{\partial}{\partial t}(\rho u_i) + \frac{\partial}{\partial x_j}(\rho u_i u_j) = -\frac{\partial p}{\partial x_i} + \frac{\partial \tau_{ij}}{\partial x_j} + \rho g_i + F_i \tag{5-2}$$

$$\tau_{ij} = \left[\mu \left(\frac{\partial u_i}{\partial x_j} + \frac{\partial u_j}{\partial x_i} \right) \right] - \frac{2}{3} \mu \frac{\partial u_1}{\partial x_1} \delta_{ij} \tag{5-3}$$

$$\delta_{ij} = \begin{cases} 1, i = j \\ 0, i \neq j \end{cases} \tag{5-4}$$

式中：p 为静压，Pa；μ 为流体黏度，Pa·s；τ_{ij} 为应力张量；g_i 和 F_i 分别为 i 方向上的重力体积力和外部体积力。

能量守恒方程：

$$\frac{\partial(\rho T)}{\partial t} + \mathrm{div}(\rho u T) = \mathrm{div}\left(\frac{k}{c_\mathrm{p}} \mathrm{grad} T \right) + S_\mathrm{T} \tag{5-5}$$

式中：c_p 为比热容，$\mathrm{kJ \cdot kg^{-1} \cdot K^{-1}}$；$T$ 为温度，K；k 为流体的导热系数，$\mathrm{W/(m \cdot K)}$；S_T 为黏性耗散项。

5.1.2　计算模型

以草木沟隧道工程实际设计资料为基础，采用 ANSYS 17.0 软件的前处理 ICEM

CFD 软件模块建立草木沟隧道空气幕保温系统等比例计算模型，草木沟隧道横断面尺寸如图 5-1 (a) 所示。在隧道洞口前端建立长宽高为 5m×13m×10m 空气幕保温系统以及长宽高为 30m×30m×30m 的外界空气域模型，如图 5-1 (b) 所示。由于模型具有对称性，为了提升计算速度，3D 计算模型取一半并通过 Summetry 边界获取对称面数值模拟的结果。

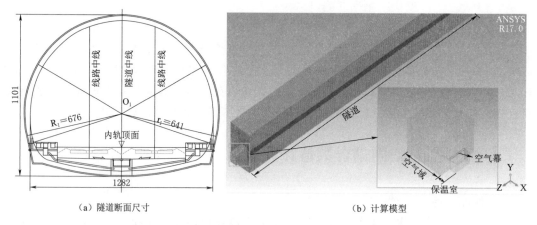

|（a）隧道断面尺寸|（b）计算模型|

图 5-1　草木沟隧道空气幕保温系统 3D 计算模型

5.1.3　网格划分

草木沟隧道空气幕保温系统计算模型的网格划分采用 ICEM CFD 模块分别对保温室和隧道进行划分。由于保温室内空气幕出风口的气流相交复杂，因此空气幕出风口网格采用非结构化网格生成和 Tetra/Mixed 网格类型对空气幕出风口进行更加密集的网格划分，空气域和保温室的网格数共计 38552 个；隧道部分网格划分采用结构化网格生成，生成网格数共计 2807282 个。选用 ICEM CFD 模块中 Edit Mesh 的 Display Mesh Quality 检查网格质量，网格划分结果及网格质量如图 5-2 所示。

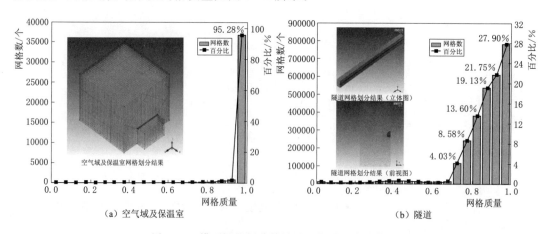

|（a）空气域及保温室|（b）隧道|

图 5-2　模型网格划分结果及网格质量检验结果

在应用的 ICEM CFD 网格生成软件中，网格质量有范围 0～1 的柱状图表示；其中较低的值（低于 0.3）表示该网格质量较差，大于 0.3 的满足计算要求[135]。如图 5-2 所示的网格质量，空气域及保温室中 0.95～1.0 的网格占比达 95.28%，隧道中 0.75～1.0 的网格占比达 90.96%，空气域、保温室及隧道的网格整体质量均超过 0.3，满足计算要求。

5.1.4 计算参数

在物理模型设定过程中，由于隧道空气幕保温系统数值模型计算的是稳态条件下流-固耦合问题，因此多相流模型采用欧拉模型，使用能量方程计算，湍流模型采用 $k-\omega$ 模型。

在材料性质设定过程中，空气域和隧道内部设置为理想气体，保温室、隧道衬砌和围岩设置为固体，隧道衬砌和围岩的热力学参数如表 5-1 所示。

表 5-1　　　　　　　　　　　　　隧 道 热 力 学 参 数 表

材 料 参 数	衬 砌	围 岩
导热系数/[W/(m·K)]	1.74	2.3
比热容/(kJ·kg^{-1}·K^{-1})	0.92	1.021
密度/(kg/m^3)	2500	2200

5.1.5 边界条件

在边界条件设定过程中，围岩和衬砌的壁面条件设置为固壁条件。隧道进出口条件分别设置为压强入口和压强出口。空气幕保温室部分壁面条件设置为固壁条件且均不发生任何条件的能量传递，空气幕喷口设置为速度出口。空气域部分除前端面设为速度出口，其余面均设置为压强出口。边界条件设定如图 5-3 所示。

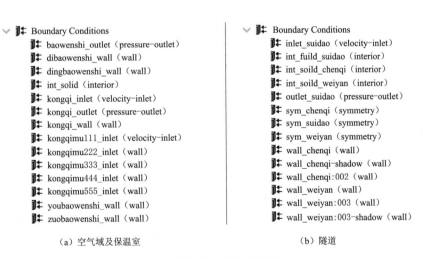

（a）空气域及保温室　　　　　　　　　　　　　　（b）隧道

图 5-3　计算模型边界条件设定

在求解控制参数设定过程中，压力-速度耦合采用 SIMPLEC 分离求解器，松弛因子中的 Pressure、Density、Body Forces、Momentum 和 Energy 分别设置为 0.3、1、1、0.7 和 1。

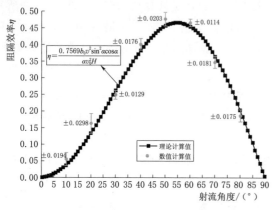

图 5-4 可靠性验证数据对比图

5.1.6 可靠性验证

为验证空气幕作用下隧道流-固耦合导热传热数值计算模型的准确性,以自然风速为 2m/s、空气幕射流速度为 8m/s、射流厚度为 0.2m 为计算参数,将数值计算结果与式(3-11)理论计算结果进行对比,如图 5-4 所示。

从图 5-4 可以看出,数值计算结果与理论计算结果的最大误差率不超过 2.98%,且不同射流角度下的计算结果与理论计算结果均保持了良好的一致性。

5.2 试验设计与结果分析

5.2.1 正交试验设计

以草木沟隧道为设计原型,研究隧道空气幕保温系统主要设计参数与阻隔效率之间的变化关系。分别选取射流角度 α、射流厚度 b_0、射流速度 v 和外界风速 v_0 条件下 4 因素 5 水平值进行研究,即设计 4 因素 5 水平的正交试验。正交试验 $L_{25}(5^4)$ 参数取值如表 5-2 所示。

表 5-2 正交试验 $L_{25}(5^4)$ 参数取值

水平	射流角度 α	射流厚度 b_0	射流速度 v	自然风速 v_0
1	0	0.2	6	1
2	25	0.4	10	2
3	45	0.6	14	3
4	65	0.8	18	4
5	85	1.0	22	5

5.2.2 正交试验结果分析

空气幕能否有效地阻隔寒冷气流侵入隧道内部是有效保温的前提,因此以空气幕保温室与隧道的接触面为监测面,采集监测面的 Mass Flow Rate 用于计算空气幕的阻隔效率。根据表 5-3 所设计的正交试验方案,外界空气域与保温室内中间纵断面流场如图 5-5 所示。

由图 5-5 中 D-1~D-5 的流场分析可知,当射流角度为 0°时,空气幕喷射出的气流在竖向形成一道空气幕墙,阻隔了外界自然风的侵入;喷射出的气流与保温室内外气流形成两个明显的旋涡,随着射流速度和射流厚度的增加形成的旋涡越不明显,并且空气幕竖向气流有相当大的一部分流向隧道内部,在阻隔外界自然风时造成了部分的能量损耗。因此,有必要对空气幕的射流角度进行分析。

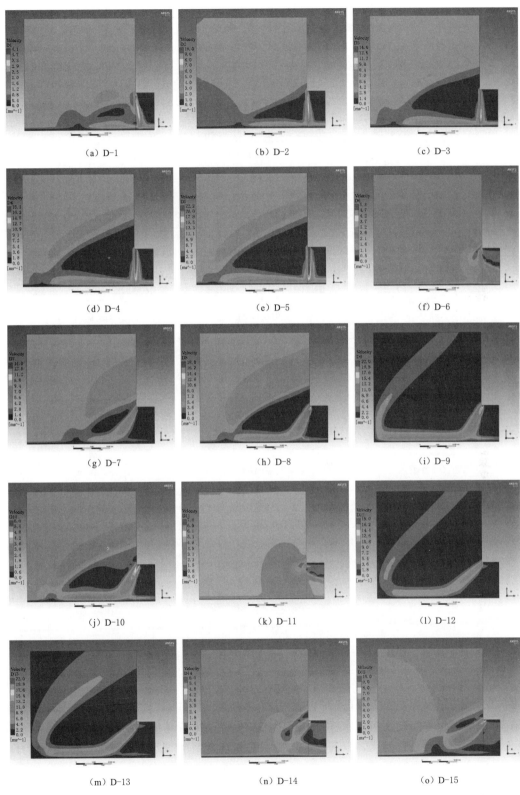

（a）D-1　　　　　　　　　（b）D-2　　　　　　　　　（c）D-3

（d）D-4　　　　　　　　　（e）D-5　　　　　　　　　（f）D-6

（g）D-7　　　　　　　　　（h）D-8　　　　　　　　　（i）D-9

（j）D-10　　　　　　　　　（k）D-11　　　　　　　　　（l）D-12

（m）D-13　　　　　　　　　（n）D-14　　　　　　　　　（o）D-15

图 5-5（一）　空气幕作用下隧道口纵断面流场

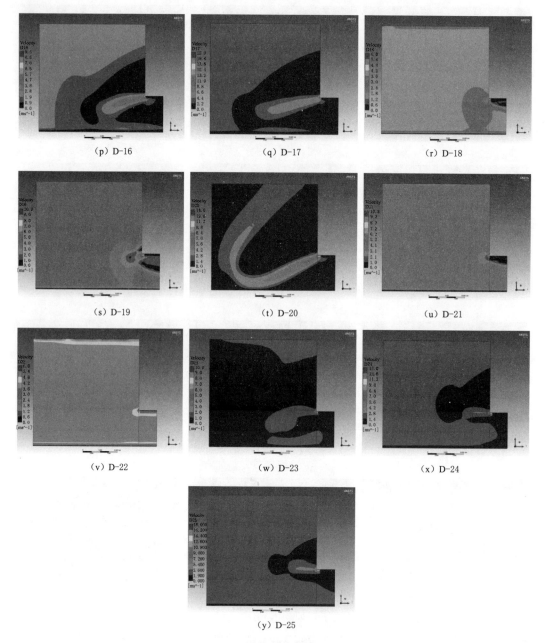

(p) D-16　　　　　　　(q) D-17　　　　　　　(r) D-18

(s) D-19　　　　　　　(t) D-20　　　　　　　(u) D-21

(v) D-22　　　　　　　(w) D-23　　　　　　　(x) D-24

(y) D-25

图 5-5（二）　空气幕作用下隧道口纵断面流场

　　如图 5-5 中 D-2、D-7、D-12、D-17 和 D-22 所示，不同射流角度对空气幕墙阻隔自然风的效果相差较大。D-12 中空气幕以 45°喷射出的射流形成一道稳定的空气幕墙，并形成一道稳定的旋涡形状将自然风阻挡在外界；射流角度为 45°时，空气幕射流能量大多用于阻挡外界自然风，少部分流向隧道内部，此种情况下阻隔效率较为理想。D-17 中空气幕以 65°喷射出的射流在空气幕墙前后形成两道空气旋涡，上部旋涡对外部大部分自然风进行阻挡，下部旋涡对极少部分侵入保温室的自然风进行引流，经空气幕射流再次排出室外，双旋涡情况下能够使空气幕射流阻隔效率的最大化。相较于 D-12 和 D-17，D-22 中空气幕射流以 85°喷射出的射流，由于角度过大难以与地面形成空气幕墙，阻隔效率偏低。

　　为进一步研究不同工况下隧道空气幕的性能。以保温室末端与隧道口的接触面为监测位置，监测不同工况下断面的 Mass Flow Rate 并计算出空气幕的阻隔效率。正交试验 $L_{25}(5^4)$ 空气幕的阻隔效率如表 5-3 所示。

表 5-3　　　　　　　　正交试验 $L_{25}(5^4)$ 空气幕的阻隔效率计算结果

编号	射流角度	射流厚度	射流速度	自然风速	Mass Flow Rate	阻隔效率
D-1	1	1	1	1	-16.677	0.895
D-2	1	2	2	2	-42.803	0.866
D-3	1	3	3	3	-56.132	0.883
D-4	1	4	4	4	-101.572	0.841
D-5	1	5	5	5	-158.634	0.801
D-6	2	1	2	3	-175.270	0.633
D-7	2	2	3	4	66.651	1.105
D-8	2	3	4	5	48.164	1.060
D-9	2	4	5	1	17.524	1.110
D-10	2	5	1	2	9.028	1.028
D-11	3	1	3	5	-395.286	0.504
D-12	3	2	4	1	88.776	1.557
D-13	3	3	5	2	108.633	1.341
D-14	3	4	1	3	-81.497	0.829
D-15	3	5	2	4	96.044	1.151
D-16	4	1	4	2	-26.641	0.916
D-17	4	2	5	3	13.050	1.027
D-18	4	3	1	4	-452.327	0.290
D-19	4	4	2	5	-348.768	0.562
D-20	4	5	3	1	73.384	1.461
D-21	5	1	5	4	-483.916	0.240
D-22	5	2	1	5	-763.774	0.041
D-23	5	3	2	1	-111.176	0.302
D-24	5	4	3	2	-139.629	0.562
D-25	5	5	4	3	-171.585	0.641

　　由表 5-3 中不同因素下空气幕的阻隔效率可知，相较于无空气幕工况下，空气幕能够有效地阻隔外界寒冷气流的侵入；但相同外界风速条件下，空气幕不同运行状态下阻隔效率呈现出参差不齐的情况，其中，D-22 的阻隔效率最低，外界风速 5m/s 时，空气幕射流速度为 6m/s、射流角度为 85°、射流厚度为 0.4m 时的阻隔效率仅为 4.1%，对寒冷

气流的阻隔效果并不明显。D-7、D-8、D-9、D-10、D-12、D-13、D-15、D-16、D-17 和 D-20 的阻隔效率相对而言最为理想；其中 D-20 的阻隔效率高达 146.1%，导致隧道内气流向外引流，其主要原因是空气幕运行条件过优，与外界风速相比空气幕的射流速度过大，在保温室内部形成低压区致使隧道内气流流向保温室，此种情况下空气幕的运行功率过大，不利于节能。

由上述分析可知，本书所研究的不同自然风速、射流角度、射流厚度、射流速度 4 个因素对空气幕的阻隔效率均有影响。若要有针对性地提出最优的隧道空气幕设计方案，则有必要对射流角度、射流厚度、射流速度、自然风速等 4 个因素的各自的显著性以及各因素的所对应的最优水平值进行分析。

5.2.3　极差分析

极差分析法又称直观分析法，是正交试验中常用的分析方法，其具有计算简单、直观形象、简单易懂等优势，能够有效反映各因素对研究对象的影响程度，同时反映各个水平变化对研究对象的影响。正交试验极差分析结果如表 5-4 所示。表 5-4 中阻隔效率的极差分布如图 5-6 所示。

表 5-4
极 差 计 算 表

项目	射流角度	射流厚度	射流速度	自然风速
水平 1	0.8569	0.6377	0.6167	1.0651
水平 2	0.9873	0.9192	0.7027	0.9426
水平 3	1.0765	0.7752	0.9026	0.8026
水平 4	0.8513	0.7807	1.0031	0.7252
水平 5	0.3571	1.0163	0.9039	0.5935
极差	0.7194	0.3786	0.3864	0.4716
排序	1	4	3	2

由表 5-4 极差分析中计算所得极差大小可知，射流角度、射流厚度、射流速度、自然风速等 4 个因素对空气幕阻隔效率的影响程度大小分别为射流角度（0.7194）＞自然风速（0.4716）＞射流速度（0.3864）＞射流厚度（0.3786）。

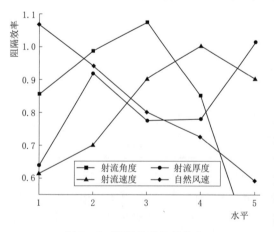

图 5-6　阻隔效率极差分布

由图 5-6 可知，自然风速在水平 1 时空气幕的阻隔效率最好；射流角度和射流速度在水平 3 和水平 4 下的阻隔效率最佳，由于射流角度在水平 3 时的阻隔效率大于 1，因而实际设计中射流角度的选择范围应在 45°左右，这与理论分析结果中射流角度的取值范围 42°～67°相对应，证明了理论计算的正确性；最优的射流速度约为18m/s，但此水平下空气幕的射流厚度的效果最为不利；射流厚度与射流速度在水平5下的阻隔效率最优。因此空气幕保温系统实际设计过程中，在控制最优射流角度和射流速度下，再考虑射流厚度的影响。

5.2.4 方差分析

方差分析又称"变异数分析"，用于两个及两个以上样本均数差别的显著性检验。空气幕阻隔效率方差计算结果如表5-5所示。

表5-5   方 差 分 析

来源	离均差平方和	自由度	均方	F 值	Fu	显著性
射流角度	1.5512	4	0.38779	10.56	F0.01(4,8)=7.01	＊＊＊
射流厚度	0.4249	4	0.10622	2.89	F0.1(4,8)=2.81	＊
射流速度	0.5116	4	0.12789	3.48	F0.1(4,8)=2.81	＊
自然风速	0.6775	4	0.16938	4.61	F0.05(4,8)=3.84	＊＊
误差	0.2937	8	0.03672			
合计	3.4589	24				

注 "＊＊＊"表示非常显著；"＊＊"表示显著；"＊"表示有一定影响。

由表5-5可以看出，射流厚度的离均差平方和最小，其对空气幕阻隔效率的影响最小，因此将其归为误差列。通过将每个因子的 F 值与临界值 Fu 进行比较，射流角度对阻隔效率具有非常显著影响，由于射流角度的大小能够改变空气幕墙的方向及循环旋涡的形成，空气幕的阻隔效率随着射流角度的增加呈现先增大后减小的趋势；自然风速对阻隔效率具有显著影响，由于自然风是空气幕装置所要阻隔的对象，自然风速的大小会直接影响空气幕各参数的设计，相同空气幕运行状态下的阻隔效率随着自然风速的增加而减小。

综上所述，在实际工程应用中，为有效提高隧道空气幕的阻隔效率以达到隧道保温的目的，空气幕装置设计时应优先考虑空气幕的射流角度，结合隧道外界自然风速的大小再考虑空气幕的射流速度和射流厚度。并且针对草木沟隧道的外界环境而言，空气幕装置的最大射流速度11m/s为宜，射流角度调节范围45°～65°为宜，射流厚度0.2m为宜。

5.3 寒区隧道空气幕保温系统适应性分析

为进一步研究外界气温对空气幕保温系统的保温效果。以草木沟隧道为分析对象，当自然风速为2m/s，外界温度为－9.53℃时，由"3.2.2隧道空气幕的阻隔效率参数影响分析"可以确定空气幕装置的最优射流角度为55°、射流厚度为0.2m，将自然风速为2m/s、外界温度为－9.53℃、湍流系数为0.2、隧道断面高度为10m，代入到式（3-11）、式（3-14）计算可得空气幕装置的最优射流速度为11.72m/s（此处取整，射流速度取11m/s）和射流温度为10.29℃。计算时长60d，分别计算未安装空气幕和安装空气幕时隧道洞口处围岩的冻结深度。

根据草木沟隧道围岩地温实测数据，赋予模型初始围岩温度为7.5℃，对距隧道洞口5m处的断面进行瞬态温度场计算，并以现场实测数据为标准进行对比分析，验证数值计

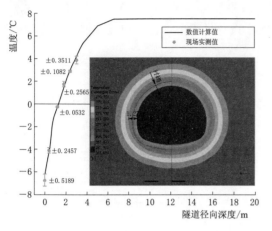

图 5-7　数值模拟与数据分析图

算方法和模型参数的可靠性和准确性。计算结果与实测数据对比如图 5-7 所示。

由图 5-7 可知，草木沟隧道洞口段径向温度从实测值与数值模拟计算值基本一致，误差率满足实际工程需求，表明模型与参数取值的准确性较高。以 0℃ 为冻结与非冻结的分界线，在 60d 时隧道的冻结深度约为 1.27m；隧道衬砌与围岩接触面的温度为 -1.39℃，此时极易产生冻胀力，破坏衬砌结构。

当草木沟隧道采用空气幕保温系统保温方式时，初始条件与上述相同，计算时间为 60d 时空气幕保温系统室内流场和隧道洞口段径温度场的演化规律。空气幕保温系统室内流场和隧道洞口段径温度场如图 5-8 所示。

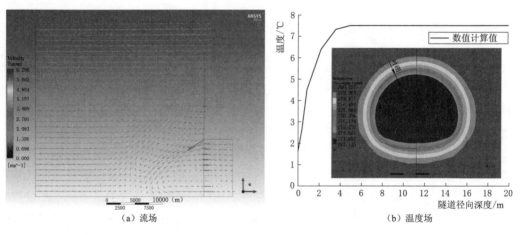

（a）流场　　　　　　　　　　　　　　　（b）温度场

图 5-8　空气幕作用下的流场和温度场

由图 5-8 (a) 可知，空气幕装置在射流速度为 11m/s、射流角度为 55°、射流厚度为 0.2m 时，空气幕喷射出的气流形成一道空气幕墙，有效阻隔了外界气流侵入隧道内部。外界自然风经过洞口时与空气幕墙发生对流后均向上弯曲，未能进入隧道洞内。同时，在空气幕墙后处形成了明显的环形循环回流区域，使得自然风难以通过洞口下方进入隧道。

由图 5-8 (b) 可知，采用空气幕保温系统经过 60d 的计算后，隧道洞口段的洞壁温度维持在 1.75℃，比未安装空气幕时温度提高了 7.98℃，隧道径向温度均在 0℃ 以上，可基本消除冻害现象。由此可见，空气幕保温系统能够具有较好的防寒保温效果。

第6章 寒区隧道设防长度变化规律及防冻系统研究

高铁列车的运营特性引起隧道内气温的变化与普通铁路相比差异较大,高速行驶的列车缩小了隧道内外的温差,这对寒区隧道的防寒设计极为不利。以中国高台隧道为依托,构建模型试验系统,以获得列车风、空气幕作用下隧道洞内空气纵向温度场的分布规律,研究设防长度变化规律以及保温层的适应性。

6.1 列车风作用下传热模型及抗冻设防长度变化规律

6.1.1 传热模型

不考虑相变的影响,建立圆形隧道传热模型,如图6-1所示。其中,$R_i(i=1,2,3,4)$分别表示二次衬砌内径、二次衬砌外径、保温层外径、一次衬砌外径和围岩半径。

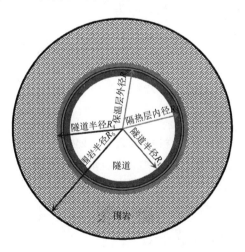

图6-1 圆形隧道传热模型

该模型的热传导方程为

$$\frac{K_i}{c_i}\left(\frac{\partial^2 T_i}{\partial r^2}+\frac{1}{r}\frac{\partial^2 T_i}{\partial r}\right)=\frac{\partial T_i}{\partial t},\ R_i<r<R_{i+1},\ i=1,2,3,4 \tag{6-1}$$

初始条件:

$$T_i=T_{0i},\ R_i<r<R_{i+1},\ t=0,\ i=1,2,3,4 \tag{6-2}$$

边界条件:

$$\begin{cases} K_1 \dfrac{\partial T_1}{\partial r}+h\left[T_1-f(t)\right]=0,\ r=R_1,\ t>0 \\[2mm] K_1 \dfrac{\partial T_1}{\partial r}=K_2 \dfrac{\partial T_2}{\partial r},\ T_1=T_2,\ r=R_2,\ t>0 \\[2mm] K_2 \dfrac{\partial T_2}{\partial r}=K_3 \dfrac{\partial T_3}{\partial r},\ T_2=T_3,\ r=R_3,\ t>0 \\[2mm] K_3 \dfrac{\partial T_3}{\partial r}=K_4 \dfrac{\partial T_4}{\partial r},\ T_2=T_3,\ r=R_4,\ t>0 \\[2mm] \rho c A\left(\dfrac{\partial T}{\partial t}+\mu\dfrac{\partial T}{\partial x}\right)=q-hL\left[F(t)-T_1\right] \\[2mm] f(t)=T_m+T_n\sin(\omega t-\phi),\ \omega=2\pi/\phi \end{cases} \tag{6-3}$$

满足叠加原理的通解：

$$T_i(r,t)=\phi_i(r)F(t)+H_i(r)T_c+S_i(r,t) \tag{6-4}$$

式中：$T_i\,(i=1,2,3,4)$ 分别为一次衬砌、隔热层、二次衬砌和围岩的温度，℃；K_i 为一次衬砌、隔热层、二次衬砌和围岩的导热系数，$W \cdot m^{-1} \cdot ℃^{-1}$；$c_i$ 为一次衬砌、隔热层、二次衬砌和围岩的体积比热，$J \cdot m^{-3} \cdot ℃^{-1}$；$h$ 为空气与围岩的对流换热系数，$W \cdot m^{-2} \cdot ℃^{-1}$；$F(t)$ 为列车风作用下隧道洞内空气温度场，℃；T_c 为围岩外径温度，℃；T_{0i} 为一次衬砌、隔热层、二次衬砌和围岩的初始温度，℃。

列车在单位时间单位长度上的散热量 q 为

$$q=(q_1+q_2+q_3)/L \tag{6-5}$$

$$q_1=2.777\times10^{-7}F_d d_b n \tag{6-6}$$

$$q_2=2.777\times10^{-7}F_d d_b n M \tag{6-7}$$

$$q_3=1.29\times10^{-4}nMv^2 \tag{6-8}$$

式中：q_1 为空气阻力热，kW；q_2 为机械阻力热，kW；q_3 为制动器散热，kW；F_d 为空气阻力，N；d_b 为列车起动至静止的距离，m；n 为列车数；M 为列车总质量，t；v 为列车最高速度，m/s。

列车风作用下隧道洞内空气温度场计算公式：

$$F(t)=\left(T_w+\dfrac{q}{hS}\right)-\left(T_w+\dfrac{q}{hS}-T_0\right)\exp\left(-\dfrac{hS}{\rho cA}t\right) \tag{6-9}$$

式中：T_w 为列车壁面温度，℃；q 为列车在单位时间单位长度上的散热量，$J \cdot kg^{-1} \cdot K$；T_0 为隧道外空气温度，℃；S 为隧道周长，m；ρ 为空气密度，$kg \cdot m^{-3}$；c 为空气比热，$kJ \cdot kg^{-1} \cdot K^{-1}$；$t$ 为时间，s。

（1）函数 $\phi_i(r)$ 的求解。

$$\dfrac{K_i}{c_i}\left(\dfrac{\partial^2 T_i}{\partial r^2}+\dfrac{1}{r}\dfrac{\partial^2 T_i}{\partial r}\right)=0,\ R_i<r<R_{i+1},\ i=1,2,3,4 \tag{6-10}$$

边界条件：

$$\begin{cases} K_1 \dfrac{\partial \phi_1}{\partial r} + h(\phi_1 - 1) = 0, \quad r = R_1, \ t > 0 \\[2mm] K_1 \dfrac{\partial \phi_1}{\partial r} = K_2 \dfrac{\partial \phi_2}{\partial r}, \quad \phi_1 = \phi_2, \quad r = R_2, \ t > 0 \\[2mm] K_2 \dfrac{\partial \phi_2}{\partial r} = K_3 \dfrac{\partial \phi_3}{\partial r}, \quad \phi_2 = \phi_3, \quad r = R_3, \ t > 0 \\[2mm] K_3 \dfrac{\partial \phi_3}{\partial r} = K_4 \dfrac{\partial \phi_4}{\partial r}, \quad \phi_3 = \phi_4, \quad r = R_4, \ t > 0 \\[2mm] \phi_4 = 0, \quad r = R_5, \ t > 0 \end{cases} \tag{6-11}$$

通解形式：

$$\begin{cases} \phi_i = A_i \ln r + B_i \\[2mm] \phi_i' = \dfrac{A_i}{r} \ln r \end{cases} \tag{6-12}$$

代入边界条件，可得

$$[D]^1 \times [A_1 \quad B_1 \quad A_2 \quad B_2 \quad A_3 \quad B_3 \quad A_4 \quad B_4]^T = \begin{bmatrix} h \\ 0 \\ 0 \\ 0 \\ 0 \\ 0 \\ 0 \\ 0 \end{bmatrix} \tag{6-13}$$

其中

$$D^1 = \begin{cases} \dfrac{K_1}{R_1} \ln R_1 + h \ln R_1 \quad h \\[2mm] \ln R_2 \qquad\quad 1 \quad -\ln R_2 \quad -1 \\[2mm] \dfrac{K_1}{R_1} \qquad\qquad\quad -\dfrac{K_2}{R_2} \\[2mm] \qquad\qquad\quad \ln R_3 \quad 1 \quad -\ln R_3 \quad -1 \\[2mm] \qquad\qquad\quad \dfrac{K_2}{R_3} \qquad\quad \dfrac{K_3}{R_3} \\[2mm] \qquad\qquad\qquad\qquad \ln R_4 \quad 1 \quad -\ln R_4 \quad -1 \\[2mm] \qquad\qquad\qquad\qquad \dfrac{K_3}{R_4} \qquad\quad \dfrac{K_4}{R_4} \\[2mm] \qquad\qquad\qquad\qquad\qquad\qquad \ln R_5 \quad 1 \end{cases} \tag{6-14}$$

由克莱姆法则，可得：

$$
\begin{cases}
M_1 = \dfrac{D^3_{81}}{|D^3|}, \quad N_1 = \dfrac{D^3_{82}}{|D^3|}, \quad M_2 = \dfrac{D^3_{83}}{|D^3|}, \quad N_2 = \dfrac{D^3_{84}}{|D^3|} \\[4mm]
M_3 = \dfrac{D^3_{85}}{|D^3|}, \quad N_3 = \dfrac{D^3_{86}}{|D^3|}, \quad M_4 = \dfrac{D^3_{87}}{|D^3|}, \quad N_4 = \dfrac{D^3_{88}}{|D^3|}
\end{cases}
\tag{6-15}
$$

（2）函数 $H_i(r)$ 的求解。

$$
\frac{K_i}{c_i}\left(\frac{\partial^2 H_i}{\partial r^2} + \frac{1}{r}\frac{\partial H_i}{\partial r}\right) = 0, \quad R_{i-1} < r < R_i, \quad i = 1,2,3,4
\tag{6-16}
$$

边界条件：

$$
\begin{cases}
K_1 \dfrac{\partial H_1}{\partial r} + h H_1 = 0, \quad r = R_1, \ t > 0 \\[3mm]
H_1 = H_2, \quad K_1 \dfrac{\partial H_1}{\partial r} = K_2 \dfrac{\partial H_2}{\partial r}, \quad r = R_2, \ t > 0 \\[3mm]
H_2 = H_3, \quad K_2 \dfrac{\partial H_2}{\partial r} = K_3 \dfrac{\partial H_3}{\partial r}, \quad r = R_3, \ t > 0 \\[3mm]
H_3 = H_4, \quad K_3 \dfrac{\partial H_3}{\partial r} = K_4 \dfrac{\partial H_4}{\partial r}, \quad r = R_4, \ t > 0 \\[3mm]
H_4 = l, \quad r = R_5
\end{cases}
\tag{6-17}
$$

代入边界条件，可得：

$$
[D]^3 \times [M_1 \quad N_1 \quad M_2 \quad N_2 \quad M_3 \quad N_3 \quad M_4 \quad N_4]^T =
\begin{bmatrix} 0 \\ 0 \\ 0 \\ 0 \\ 0 \\ 0 \\ 0 \\ 1 \end{bmatrix}
\tag{6-18}
$$

其中

$$
D^3 = \begin{cases}
\dfrac{K_1}{R_1}\ln R_1 + h\ln R_1 \quad h \\[3mm]
\ln R_2 \qquad\quad 1 \quad -\ln R_2 \quad -1 \\[3mm]
\dfrac{K_1}{R_1} \qquad\qquad\quad -\dfrac{K_2}{R_2} \\[3mm]
\qquad\qquad \ln R_3 \quad 1 \quad -\ln R_3 \quad -1 \\[3mm]
\qquad\qquad \dfrac{K_2}{R_3} \qquad\quad \dfrac{K_3}{R_3} \\[3mm]
\qquad\qquad\qquad\quad \ln R_4 \quad 1 \quad -\ln R_4 \quad -1 \\[3mm]
\qquad\qquad\qquad\quad \dfrac{K_3}{R_4} \qquad\quad \dfrac{K_4}{R_4} \\[3mm]
\qquad\qquad\qquad\qquad\qquad \ln R_5 \quad 1
\end{cases}
\tag{6-19}
$$

由克莱姆法则，可得：

$$\begin{cases} M_1 = \dfrac{D_{81}^3}{|D^3|}, & N_1 = \dfrac{D_{82}^3}{|D^3|}, & M_2 = \dfrac{D_{83}^3}{|D^3|}, & N_2 = \dfrac{D_{84}^3}{|D^3|} \\[3mm] M_3 = \dfrac{D_{85}^3}{|D^3|}, & N_3 = \dfrac{D_{86}^3}{|D^3|}, & M_4 = \dfrac{D_{87}^3}{|D^3|}, & N_4 = \dfrac{D_{88}^3}{|D^3|} \end{cases} \qquad (6-20)$$

（3）函数 $S_i(r, t)$ 的求解。

由分离变量法，可得：

$$\frac{\partial S_i}{\partial t} = \frac{k_i}{c_i}\left(\frac{\partial^2 S_i}{\partial r^2} + \frac{1}{r}\frac{\partial S_i}{\partial r}\right), \quad R_i < r < R_{i+1}, \quad i = 1,2,3,4\cdots, \quad t > 0 \qquad (6-21)$$

边界条件：

$$\begin{cases} K_1\dfrac{\partial S_1(r,s)}{\partial r} + hS_1(r,s) = 0, & r = R_1 \\[2mm] S_1(r,s) = S_2(r,s), & r = R_2 \\[2mm] S_2(r,s) = S_3(r,s), & r = R_3 \\[2mm] S_3(r,s) = S_4(r,s), & r = R_4 \\[2mm] S_4(r,s) = 0, & r = R_4 \end{cases} \qquad (6-22)$$

初始条件：

$$S_4(r,t) = 1 - r^2, \quad t = 0 \qquad (6-23)$$

将 $S_i(r,t) = \psi_i(r)\Gamma(t), i = 1,2,3,4$ 代入方程，得：

$$\frac{d\Gamma(t)}{dt} + \lambda\frac{k_i}{c_i}\Gamma(t) = 0 \qquad (6-24)$$

$$\frac{d\psi_i^2}{dr^2} + \frac{1}{r}\frac{d\psi_i}{dr} + \lambda\psi_i = 0, \quad R_i < r < R_{i+1}, \quad i = 1,2,3,4 \qquad (6-25)$$

当 $i = 4$，由物理意义可知，在围岩层温度函数 $S_4(r, t)$ 满足条件 $|S_4| < +\infty$ 时，函数 ψ_4 满足自然边界条件：

$$\psi_4(0) < +\infty \qquad (6-26)$$

由 $S_4(r,s) = 0$，$r = R_5$，可得：

$$\psi_4(R_5) = 0 \qquad (6-27)$$

两个方程的通解分别为

$$\Gamma(t) = e^{-\lambda_m t} \qquad (6-28)$$

$$\psi_4(r) = \alpha_4 J_0(\sqrt{\lambda}r) + \xi_4 Y_0(\sqrt{\lambda}r) \qquad (6-29)$$

由 $\psi_4(0) < +\infty$ 知 $\xi_4 = 0$，再由条件 $\psi_4(R_5) = 0$ 得 $J_0(\sqrt{\lambda}R_5) = 0$，即 $\sqrt{\lambda}R_5$ 是 $J_0(x)$ 的零点。当 $\mu_{4m}^{(0)}$ 表示 $J_0(x)$ 的正零点时，$J_0(\mu_{4m}^{(0)}) = 0$，固有函数为

$$\begin{cases} \lambda_{4m} = \dfrac{(\mu_{4m}^{(0)})^2}{R_5^2} \\[4mm] \psi_{4m}(r) = J_0\left(\dfrac{\mu_{4m}^{(0)}}{R_5}r\right) \end{cases}, (m = 1,2,3\cdots) \qquad (6-30)$$

将 λ_m 代入方程得

$$\Gamma(t) = \alpha_{4m} e^{-\left(\frac{\mu_{4m}^{(0)}}{R_5}\sqrt{\frac{k_4}{c_4}}\right)^2 t} \tag{6-31}$$

解得：

$$S_{4m}(r,t) = \alpha_{4m} e^{-\left(\frac{\mu_{4m}^{(0)}}{R_5}\sqrt{\frac{k_4}{c_4}}\right)^2 t} J_0\left(\frac{\mu_{4m}^{(0)}}{R_5}r\right) \tag{6-32}$$

根据叠加原理，满足方程的解：

$$S_4(r,t) = \sum_{m=1}^{\infty} \alpha_{4m} e^{-\left(\frac{\mu_{4m}^{(0)}}{R_5}\sqrt{\frac{k_4}{c_4}}\right)^2 t} J_0\left(\frac{\mu_{4m}^{(0)}}{R_5}r\right) \tag{6-33}$$

其中

$$\alpha_{4m} = \frac{\int_{R_3}^{R_4} r(1-r^2) J_0(\mu_{4m}^{(0)}r)\,\mathrm{d}r}{\frac{1}{2}J_1^2(\mu_{4m}^{(0)})} \tag{6-34}$$

同理可求得 α_{1m}、α_{2m}、α_{3m}。

最终解的形式为

$$S_i(r,t) = \sum_{m=1}^{\infty} \alpha_{4m} e^{-\left(\frac{\mu_{im}^{(0)}}{R_{i+1}}\sqrt{\frac{k_i}{c_i}}\right)^2 t} J_0\left(\frac{\mu_{im}^{(0)}}{R_{i+1}}r\right) \tag{6-35}$$

6.1.2　列车风作用下设防长度变化规律

以高台隧道为依托工程，高台隧道为吉图珲铁路沿线隧道。吉图珲铁路客运专线经过地区属于大陆性季风气候。年平均气温为 $1.0 \sim 6.8℃$，1 月平均气温 $-10.3 \sim -23.4℃$，年降水量 $528 \sim 670 \mathrm{mm}$，全年平均风速约为 $2.2 \sim 3.1 \mathrm{m/s}$。该区处于严寒地区，沿线冻结深度为 $1.67 \sim 1.92 \mathrm{m}$，每年从 10 月开始冻结，次年 4 月开始融化。

据吉图珲铁路沿线密江乡 1 号隧道（1908m）、民兴隧道（2137m）、北屯 3 号隧道（2156m）、日光山隧道（2188m）、榆树川隧道（2211m）、富宁隧道（2219m）、永昌隧道（2470m）、哈尔巴岭 2 号隧道（2601m）、五峰山隧道（3690m）和高台隧道（3706m）实测数据显示年最低气温均处于 12 月，因此选取 12 月日最低气温进行数据分析。吉图珲铁路沿线隧道现场实测数据，如图 6-2 所示，无保温层作用下隧道断面不同位置温度差，如表 6-1 所示。

表 6-1　　　　　　　　无保温层作用下隧道断面不同位置温度差　　　　　　　　单位：℃

隧道名称	隧道断面不同位置温度差				
	拱顶处	仰拱处	拱腰处	边墙处	平均值
密江乡 1 号隧道	−2.19	−2.32	−2.22	−2.51	−2.31
民兴隧道	−2.20	−2.33	−2.23	−2.52	−2.32
北屯 3 号隧道	−2.01	−2.13	−2.03	−2.30	−2.12
日光山隧道	−2.07	−2.19	−2.09	−2.36	−2.18
榆树川隧道	−2.09	−2.22	−2.12	−2.40	−2.21

续表

隧道名称	隧道断面不同位置温度差				
	拱顶处	仰拱处	拱腰处	边墙处	平均值
富宁隧道	−1.92	−2.03	−1.94	−2.19	−2.02
永昌隧道	−2.35	−2.49	−2.38	−2.69	−2.47
哈尔巴岭 2 号隧道	−2.38	−2.52	−2.41	−2.72	−2.51
五峰山隧道	−2.01	−2.13	−2.03	−2.30	−2.12
高台隧道	−2.03	−2.15	−2.06	−2.33	−2.14
平均值	−2.12	−2.25	−2.15	−2.43	−2.24

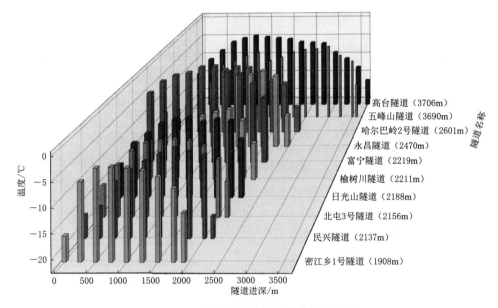

图 6-2 吉图珲铁路沿线隧道实测数据

由表 6-1 可知，无保温层情况下隧道拱顶处、仰拱处、拱腰处和边墙处部位温度均有所差异，同一隧道断面边墙处温度最低、仰拱处温度最高。无保温层情况下，隧道壁面与二衬-初衬接触面温差平均值为 2.24℃；当隧道内二衬壁面温度低于−2.24℃时，此时需要铺设保温层。

1. 隧道洞内瞬态温度场

高台隧道位于内蒙古自治区乌兰察布市，其海拔为 600～800m。高台隧道全长 3706m，为多线铁路隧道，等效半径为 6.3m。隧道内设计速度目标值为 300km/h。隧道入口处的历史极端最高温度为 35.7℃，历史极端最低温度为−33.8℃。由于隧道进出口附近围岩含水量高，冻害现象时有发生。

采用列车风作用下传热模型，求解不同列车运行速度瞬态条件下隧道洞内空气温度，钢筋混凝土的导热系数 K_3 为 1.57W/(m·K)，钢筋混凝土的体积比热 c_3 为 0.072×10^6 J·m^{-3}·℃$^{-1}$，隔热层的导热系数 K_2 为 0.03W/(m·K)，隔热层的体积比热 c_2 为 0.072×10^3 J·m^{-3}·℃$^{-1}$，空气与隧道的对流换热系数 h 为 15W/(m²·K)，围岩的导热系数 K_4 为

$1.18 W/(m \cdot K)$，围岩的体积比热 c_4 为 $0.105 \times 10^6 J \cdot m^{-3} \cdot ^\circ C^{-1}$，计算结果如图 6-3 所示。按照当隧道内二衬壁面温度低于 $-2.24^\circ C$ 时隧道会出现冻害，此时瞬态条件下寒区隧道抗冻设防长度，如表 6-2 所示。

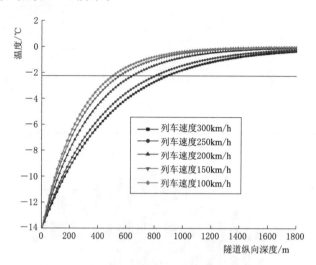

图 6-3　不同列车运行速度瞬态条件下隧道洞内空气温度

表 6-2 　　　　　　　　　　寒区隧道抗冻设防长度

列车运行速度/(km/h)	抗冻设防长度/m	列车运行速度/(km/h)	抗冻设防长度/m
100	504	250	796
150	548	300	891
200	639		

2. 隧道洞内稳态温度场

　　为了进一步研究列车在不同运行速度、运行间隔条件下，寒区隧道洞内纵向稳态温度场的变化规律，探究了寒区隧道抗冻设防长度的变化规律。采用数值分析软件，建立了高台隧道列车风作用下对流-传导耦合数值计算模型。以高台隧道不同列车运行速度条件下，隧道洞内纵向瞬态温度场为计算初始条件。计算分析了高台隧道 6 个月冻结期内不同的列车运行速度、运行间隔条件下，列车持续通过隧道纵向稳态温度场的变化规律。计算模型中相关热力学参数同 "1. 隧道洞内瞬态温度场"。以高台隧道列车发车间隔为依据，最短发车间隔为 5min，分别计算列车运行间隔为 5min、10min、15min、30min 和 60min 条件下，隧道洞内纵向稳态温度场的变化规律，如图 6-4 所示。不同列车运行条件下隧道设防长度如表 6-3 所示。

表 6-3 　　　　　　　不同列车运行条件下隧道设防长度　　　　　　　单位：m

列车运行速度/(km/h)	列车运行间隔/min				
	5	10	15	30	60
100	792	630	558	522	504
150	846	684	612	576	558

续表

列车运行速度 /(km/h)	列车运行间隔/min				
	5	10	15	30	60
200	990	792	720	666	648
250	1242	1008	900	846	810
300	1368	1098	990	918	882

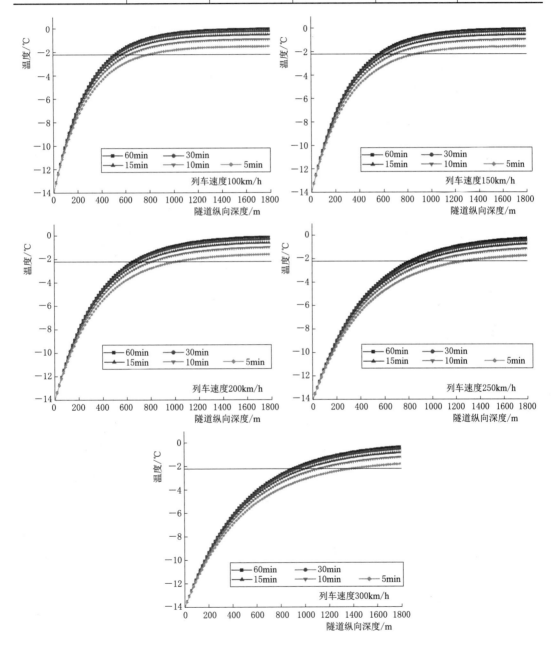

图 6-4　不同列车运行间隔稳态条件下隧道洞内空气温度

由表6-3分析可知，列车运行速度越快，隧道抗冻设防长度越长。当列车运行间隔为5min、10min、15min、30min和60min时，列车运行速度每增加50km/h，抗冻设防长度分别增加115m、94m、86m、79m和76m。当列车运行速度为100km/h、150km/h、200km/h、250km/h和300km/h时，列车运行间隔每减少5min，设防长度分别增加62m、62m、73m、92m和102m。由此可见，当自然风与列车运行方向一致时，列车的

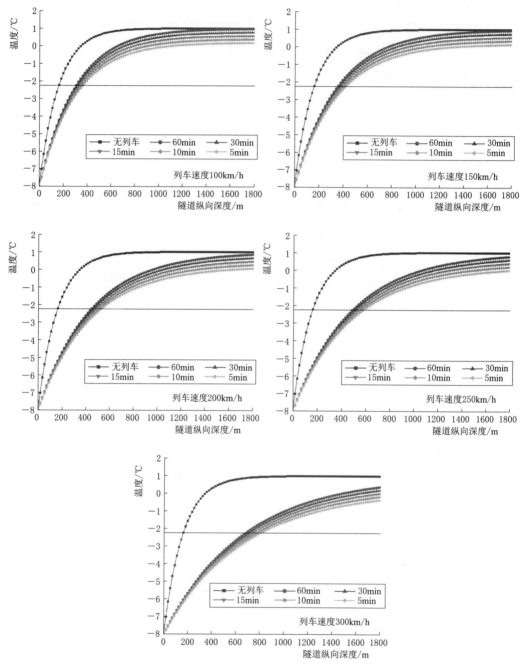

图6-5　不同列车运行条件下保温层的保温效果

运行速度和运行间隔对寒区隧道抗冻设防长度影响较大。

列车的运行对寒区隧道抗冻设防长度影响较大，为进一步探究列车风作用下的保温层的保温效果，此时采用5cm厚聚氨酯保温层铺设在二次衬砌与一次衬砌之间，当列车运行间隔为5min、10min、15min、30min和60min稳态条件下，保温层后纵向温度场的变化规律。

表 6-4　　　　　　　　不同列车运行条件下保温层的失效长度　　　　　　单位：m

列车运行速度/(km/h)	列车运行间隔/min				
	5	10	15	30	60
无列车运行	162	162	162	162	162
100	362	350	333	322	306
150	424	404	387	369	359
200	531	504	486	465	448
250	590	559	537	516	496
300	810	774	738	712	684

由图 6-5 和表 6-4 分析可知，列车运行速度越快，隧道保温层的保温效果越差。当列车运行间隔为 5min、10min、15min、30min 和 60min 时，列车运行速度每增加 50km/h，保温层的保温效果分别降低 108m、102m、96m、92m 和 87m。当列车运行速度为 100km/h、150km/h、200km/h、250km/h 和 300km/h 时，列车运行间隔每减少 5min，保温层的保温效果分别降低 9m、11m、14m、16m 和 21m。由此可见，当列车运行时，列车的运行速度和运行间隔对寒区隧道保温层的保温效果影响较大。

6.2 寒区隧道空气幕保温系统试验研究

6.2.1 寒区隧道空气幕保温系统

目前，寒区隧道抗冻保温设计并未考虑列车风的影响，随着高铁隧道数量越来越多，寒区隧道的冻害问题也日益严重。为解决寒区隧道冻害问题，国内外学者开展大量的研究，例如挪威采用离壁式衬砌法，利用空气导热系数低的特点阻隔寒冷气流的入侵。中国采用保温材料、防寒门和保温排水措施等多种方法来解决寒区隧道冻害问题。俄罗斯采用加热管道的方式，通过提高隧道洞内温度来预防寒区隧道冻害的发生。美国采用隔热系统，保障隧道排水系统在低温条件下不冻结。法国采用隔离墙板的方式，利用保温材料导热系数低的特点阻隔寒冷气流的入侵。寒区隧道抗冻设防长度影响因素复杂，目前没有成熟的理论计算方法。同时，列车风对寒区隧道抗冻设防长度的影响还需要进一步的研究。为预防隧道冻害的发生，本书提出寒区隧道空气幕保温系统，该系统利用射流装置吹出竖向的强风，阻隔外界寒冷气流及缓解列车风入侵隧道内部。为了验证列车风作用下该系统的保温效果，开展寒区隧道防冻系统试验研究。

寒区隧道空气幕保温系统由保温室、射流装置、加热监测装置、太阳能发电装置和智能控制装置 5 部分组成，如图 6-6 所示。保温室采用钢筋混凝土材料，并在墙体壁面做防水处理；射流装置安装于保温室内顶部，其射流速度为 0～30m/s、射流温度为 0～55℃；监测装置包括温度监测元件和风速监测元件，温度监测元件的测量范围为－40～125℃，风速监测元件的监测范围为 0～60m/s。该系统利用射流装置从隧道内部吸入气流经过射流装置加速后吹出竖向的强风，阻隔外界寒冷气流及缓解列车风入侵隧道内部；同时，利用加热装置加热空气，提高进入隧道内部的空气温度，确保隧道洞口温度达到 0℃以上，预防隧道冻害的发生。

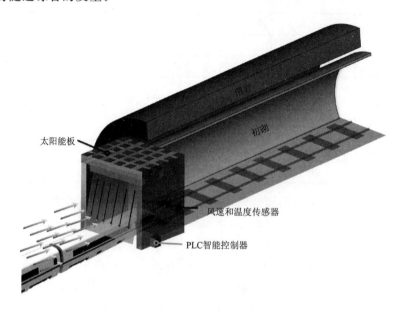

图 6-6　寒区隧道空气幕保温系统效果图

6.2.2　相似特征数

依据相似理论，两个物理现象相似是指几何相似、动力相似、运动相似以及边界和起始条件相似。由相似三定理可知，两个物理现象相似需要满足四个相似特征数对应相等和两个不可压缩黏性流动相似，这四个相似特征数分别是欧拉数、弗劳德数、斯特劳哈尔数和雷诺数。

$$Eu = \frac{\Delta p}{\rho v^2} \tag{6-36}$$

$$Fr = \frac{v}{\sqrt{gl}} \tag{6-37}$$

$$Sr = \frac{L}{v\tau} \tag{6-38}$$

$$Re = \frac{vL}{\nu} \tag{6-39}$$

式中：Δp 为压差，Pa；ρ 为空气密度，kg/m³；v 为流体特征速度，m/s；L 为流体特征长度，m；τ 为特征时间间隔，s；ν 为空气的运动黏度，m²/s。

当模型几何相似比不是 1:1 时，四个相似特征数就不可能完全相等，这时试验模型应该根据试验主要参数来选择需要满足的、起关键作用的相似特征数。Eu 反映了流体压力的作用和影响，属于被动的非定型相似特征数，可以通过其他相似特征数来表达，即 $Eu = f(Re，Fr)$，而且 Fr 反映了流体重力对试验的影响，本次试验流体重力影响较小，因此 Eu 和 Fr 并不起决定性作用；在非定常流动的模型试验中，Sr 保证了模型与原型流动随时间变化的相似，由于试验模型中列车运动对气流的影响以周期性的形式体现，所以 Sr 对模型起决定性作用；Re 为黏性力相似的特征数，由于模型试验的最终目的是研究原型中列车风变化对洞内流体温度场的间接影响，因此雷诺数 Re 是模型试验必须关注的相似特征数。

当隧道内 Re 大于第二临界值时，流体进入稳定的第二自模区，其流动状态和流速分布不再随 Re 的增大而改变。隧道模型主体材料采用有机玻璃，其相对粗糙度为 0.01，为了减小模型试验进入第二自模区的 Re 值，对有机玻璃壁面采取加糙处理，用凡士林涂抹隧道壁面，使其相对粗糙度达到 0.015。由莫迪图可知，当隧道壁面相对粗糙度为 0.015，此时当 $Re > 600000$ 时，流体进入稳定的第二自模区。莫迪图如图 6-7 所示。

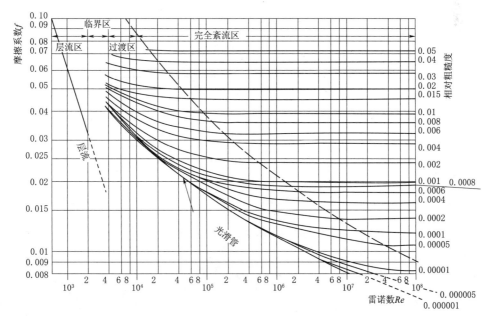

图 6-7 莫迪图

由式（6-35）可以计算得到模型与原型风速及 Re 值，如表 6-5 所示。

表 6-5 模型与原型风速及 Re 值

原型 $\lambda = 0.025$				模型 $\lambda' = 0.04$		
v_r /(km/h)	v_t /(m/s)	v_r /(m/s)	Re	v_r' /(m/s)	v_t' /(m/s)	Re'
200	55.5	18.4	10800000	11.1	3.5	460000
220	61.6	20.4	11900000	12.3	3.8	550000
240	66.6	22.5	13000000	13.3	4.2	600789

续表

原型 $\lambda = 0.025$				模型 $\lambda' = 0.04$		
v_r /(km/h)	v_t /(m/s)	v_r /(m/s)	Re	v_r' /(m/s)	v_t' /(m/s)	Re'
260	72.2	24.5	14100000	14.4	4.5	650747
280	77.7	26.5	15200000	15.5	4.9	700921
300	83.3	28.6	17028800	16.7	5.1	760249
350	97.2	30.6	19964800	19.4	6.1	880289
400	111.1	31.1	22754000	22.2	7.0	1010315

由表 6-5 可以看出，当模型试验中列车速度 $v_r' > 13.3 \text{m/s}$ 时，即原型列车运行速度 $v_r \geqslant 240 \text{km/h}$，对应的模型的 $Re' = 600789 > 600000$，此时隧道内气流满足进入第二自模区的基本条件，因此试验具有可行性。

模型试验以高台隧道为原型，隧道全长 3706m，模型参数的相似比如表 6-6 所示。

表 6-6　　　　　　　　　　　模型参数的相似比（原型：模型）

几何尺寸	列车速度	时间	温度
50:1	5:1	10:1	1:1

6.2.3　试验装置

试验系统由高速列车驱动系统、冷域环境、保温夹层、隧道模型、风速及温度测试系统以及空气幕装置等 6 部分组成，试验系统总体设计如图 6-8 所示。

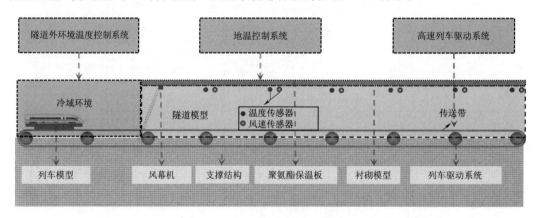

图 6-8　试验系统总体设计图

高速列车驱动系统以 CHR 380A 高速列车为原型，列车模型采用有机玻璃制造。高速列车模型驱动装置采用伺服电机，通过 PLC 梯形图语言编程技术实现了列车模型加速、匀速和减速的精确控制，通过调节脉冲频率来改变电机的转速，电机通过高强度皮带连接列车模型，最终实现列车的高速运行，具有稳定性好、控制精准和造价低等特点。冷域环境温度控制范围为 -40~40℃，精度为 0.5℃。保温夹层由围岩地温控制装置提供恒温热源模拟隧道围岩温度。模型试验采用 3:7 乙二醇和水的混合物作为循环介质，确保水在接近0℃时，不会出现结冰现象。隧道模型由冷域环境、带有保温夹层的隧道模型、1个进气管、2个排气管、1个进水管和2个排水管组成。风速及温度测试系统由高灵敏度的温度测试元件、风速测试元件以及数据采集仪构成。测试系统采样周期为0.2s，即每秒采集5次数据。空气幕装置分为常温和加热两种型号，射流风速范围为1～16m/s，精度为0.5m/s，其射流温度为35～55℃，精度为1℃。

6.2.4 试验过程及方法

寒区隧道防冻系统试验过程分为5个步骤：

（1）安装高速列车驱动系统，如图6-9（a）、（b）所示。列车模型固定在加速滑块上，由伺服电机驱动皮带牵引加速滑块，从而实现列车模型的加速过程。列车模型最高运行速度可以达到30m/s，可以按照设计的列车运行时刻表往返或持续运行。

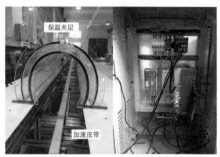

（a）列车模型及加速模块　　　　　　（b）列车驱动系统

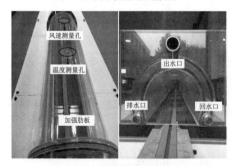

（c）隧道模型结构　　　　　　（d）外界温度和围岩地温控制装置

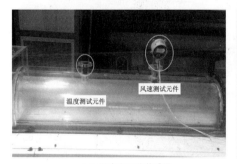

（e）温度和风速传感器　　　　　　（f）空气幕装置

图6-9　试验系统设计结构图

（2）搭建隧道模型，如图6-9（c）所示。隧道模型采用有机玻璃制造，通过法兰、螺栓和密封条连接而成，整个试验过程可视化并兼具美观性，还可根据试验需求通过预留多组螺栓孔实现纵向尺寸的拓展，从而模拟不同长度的隧道。

（3）安装外界温度控制装置，如图6-9（d）所示。外界温度控制装置用于控制冷域环境温度，通过空气进口和出口进行环境温度的控制，并在冷域环境外部包裹保温隔热棉。围岩地温控制装置用于模拟控制围岩温度，其通过内置2个大气压力推动循环介质不断流动调节围岩温度的变化。

（4）安装围岩地温控制装置，如图6-9（d）所示。围岩地温控制装置用于模拟控制围岩温度，通过围岩地温控制装置设定循环介质的温度，温度的调节范围为0～40℃，其内置2个大气压力推动循环介质不断流动，由进水管道流入隧道模型的保温夹层，并由回水管道流回围岩地温控制装置。

（5）安装温度和风速传感器，如图6-9（e）所示。将温度传感器和风速传感器放入隧道模型顶部测温孔，并连接主机采集监测数据，每0.2s采集一次数据。温度传感器每隔2.5m设置一个，共设置28个测点。

（6）安装空气幕，如图6-9（f）所示。将空气幕按照顶吹式安装在隧道洞口的顶端。

6.3　试验分析

6.3.1　设防长度变化规律

当模型试验中列车速度 $v'_r > 13.3 \text{m/s}$ 时，即原型列车运行速度 $v_r \geqslant 240 \text{km/h}$，对应的模型的 $Re' = 600789$，此时隧道内气流满足进入第二自模区的基本条件。因此，选取列车运行速度为250km/h和300km/h开展不同列车运行条件下隧道抗冻设防长度变化规律试验。图6-10为列车速度为250km/h和300km/h条件下隧道洞内空气温度。表6-7和表6-8为列车速度为250km/h和300km/h时模型试验与理论计算的设防长度值对比。

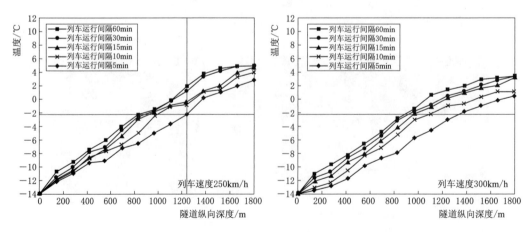

图6-10　不同列车运行速度条件下隧道洞内空气温度

表 6-7		列车速度 250km/h 的理论值与试验值对比			
列车运行间隔/min	5	10	15	30	60
理论值/m	1242	1008	900	846	810
试验值/m	1238	996	911	879	828
误差/%	0.32	1.20	1.21	3.75	2.17

表 6-8		列车速度 300km/h 的理论值与试验值对比			
列车运行间隔/min	5	10	15	30	60
理论计算值/m	1368	1098	990	918	882
试验值/m	1322	1104	966	920	891
误差/%	3.48	0.54	2.48	0.22	1.01

由表 6-7 和表 6-8 可知，列车运行速度越快，寒区隧道抗冻设防长度越长。列车运行间隔越短，寒区隧道抗冻设防长度越长。通过理论值与试验值的对比，列车风作用下寒区隧道抗冻设防长度的平均误差为 1.6%。因此，理论计算方法可靠可信，为列车风作用下寒区隧道防寒保温设计提供理论基础。

6.3.2 防寒系统保温效果研究

寒区隧道防冻系统设置于隧道洞口前端，系统中的空气幕装置安装于保温室顶部，空气幕装置以一定的射流角度和射流温度喷射形成热温空气幕。空气幕装置的射流速度为 20m/s、射流角度为 55°、射流厚度为 15cm、射流温度为 35℃。

以高台隧道为依托工程，该隧道围岩温度为 10℃，年最低温度为 -14℃，外界自然风为 1.5m/s。设定空气幕射流速度为 20m/s，射流角度为 55°，射流温度为 35℃，列车运行间隔为 5min，对比分析开启热温空气幕、无空气幕无列车运行、开启常温空气幕、无空气幕时列车速度分别为 250km/h 和 300km/h 五种条件下隧道洞内温度场的变化规律，如图 6-11 所示。

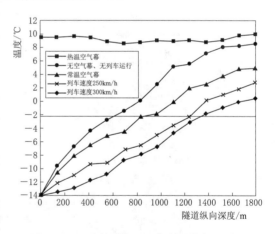

图 6-11 列车风作用下防寒系统保温效果

由图 6-11 可知，开启常温空气幕能有效缩短列车运行条件下隧道洞口负温段长度，但不能保证洞内温度达到 0℃ 以上。开启热温空气幕稳定后，隧道洞内温度平均维持在 9.2℃，可有效预防列车运行情况下隧道冻害的发生。与无空气幕无列车运行相比，列车运行情况下寒区隧道抗冻设防长度明显增长。因此，寒区隧道保温设计应考虑列车运行状态的影响。

6.4 空气幕保温效果分析

在隧道进出口铺设 1050m 保温层（5cm 厚聚氨酯），再分别设置 50m 长的保温空气幕，使得洞口保温段的温度维持在10℃。

假设外界气温为-30℃，围岩地温为5℃，计算时间为40d，列车运行速度为300km/h，分别取列车运行间隔为10min、15min和30min，不同列车运行间隔计算工况如表6-9所示。

表6-9　　　　　　　　　不同列车运行间隔计算工况

工　　况	工况一	工况二	工况三
运行时间间隔/min	10	20	30
列车运行速度/(m/s)	83	83	83
列车通过时间/s	36	36	36
隧道壁面列车风风速/(m/s)	15	15	15
余风风速/(m/s)	4	4	4
余风作用时间/s	90	90	90
自然风风速/(m/s)	0.32	0.32	0.32
自然风作用时间/s	474	1074	1674

在外界气温为-30℃、围岩地温为5℃、列车运行间隔为10min时，计算40d后，隧道进口处二衬和距洞口1050m处二衬温度分别如图6-12和图6-13所示。不同运行间隔时二衬和初衬后温度与隧道进深关系图分别如图6-14～图6-16所示。

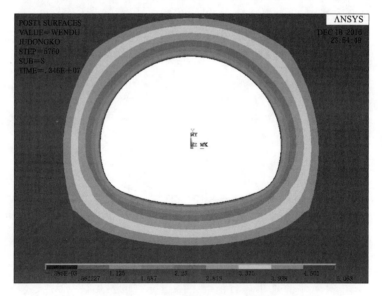

图6-12　隧道进口处二衬温度

由图6-14～图6-16可知，50m的保温空气幕能保证隧道进口处和出口处的温度为正温，保温效果较好；50m的空气幕再加上1050m的保温层对于外界气温为-30℃、围岩地温为5℃、列车运行速度为300km/h、列车运行间隔为10min这种极端情况，足以起到保温防冻作用。

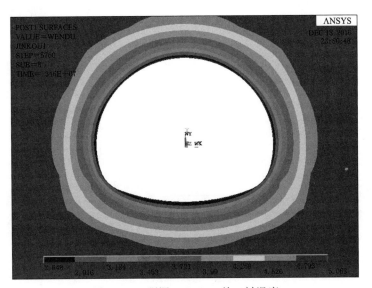

图 6 - 13　距洞口 1050m 处二衬温度

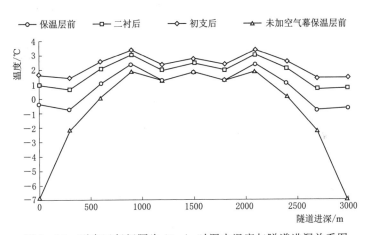

图 6 - 14　列车运行间隔为 10min 时洞内温度与隧道进深关系图

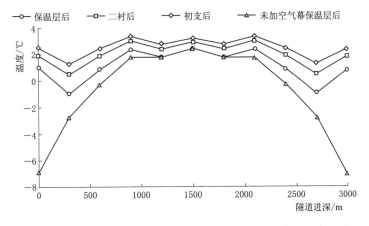

图 6 - 15　列车运行间隔为 15min 时洞内温度与隧道进深关系图

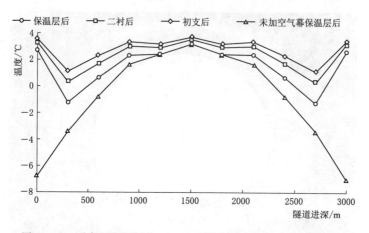

图 6 - 16　列车运行间隔为 30min 时洞内温度与隧道进深关系图

第7章 寒区隧道空气幕保温系统现场应用研究

寒区隧道冬季施工时，当洞内温度低于5℃，会导致混凝土施工质量达不到要求，危及施工安全。以在建的尚山隧道为依托工程，设计了寒区隧道施工期空气幕保温系统，并开展了现场试验，探究了防寒门、防寒门＋火炉、空气幕保温系统不同措施下洞内温度场的分布规律，并给出不同措施的适用条件。

7.1 工程概况

尚山隧道位于乌兰察布市丰镇市尚山村，隧道为单洞双线隧道（图7-1），进口里程DK37＋587，出口里程DK39＋903，全长2316m，隧道洞口宽度为13.3m，高度为9.6m，隧道断面大，其中：Ⅳ级围岩590m、Ⅴ级围岩1726m，隧道最大埋深约81.44m。作为国家"八横八纵"高铁网京兰通道的重要组成部分，其新建具有重要的意义。

尚山隧道所在地区属中温带亚干旱区，气候寒冷干燥，年平均气温5.1℃，历年极端最高气温35.7℃，历年极端最低气温－33.8℃，平均降水量329mm，年平均蒸发量2038.9mm，历年最大积雪

图7-1 尚山隧道施工现场

厚度30cm，土壤最大冻结深度1.91m。由现场历年实测数据知，隧道洞口常年风速为3～4级风，洞口风速约3.5～7.9m/s，隧道洞口处风速大。尚山隧道断面大、洞口风速大，此种情况下，对寒区隧道冬季施工洞内温度控制提出了严峻的挑战。

7.2 空气幕保温系统设计

7.2.1 系统设计

寒区隧道冬季施工时，随着围岩的开挖，外界寒冷气温入侵是引起隧道温度场变化的主要原因。若能主动高效率阻隔寒冷气流入侵隧道，可有效控制与维持洞内的温度。为此，现场设计一种新型的寒区隧道施工期空气幕保温系统，该系统由保温幕帘、侧吹式空气幕、温度与湿度传感器、PLC智能控制器等四部分组成，如图7-2所示。

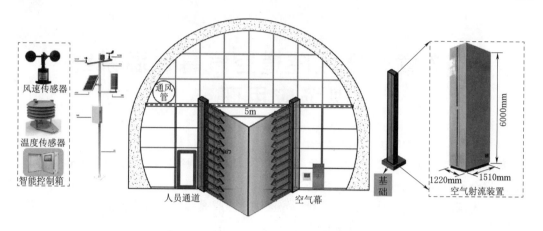

图 7-2　寒区隧道施工期空气幕保温系统设计示意图

7.2.2　系统布设与特点

空气幕保温系统布设过程有以下 6 个步骤：

（1）在隧道洞口搭建框架，框架采用 $\phi108$ 无缝钢管、$\phi80$ 无缝钢管、$\phi42$ 无缝钢管搭设焊接形成双层框架，有效提高洞口设施稳定性，保障施工安全，如图 7-3（a）所示。在框架上安装保温材料，保温材料采用酚醛泡沫塑料材料，其良好的耐燃性，保证了施工的安全，其易成型加工及较好的耐久性，保证了施工的质量与速度，其表现出良好的抗防冻特性，保证了寒区隧道施工期空气幕保温系统的保温效果。

（a）隧道洞口框架搭建

（b）通道搭建

（c）安装空气幕

（d）安装隧道通风装置

（e）安装PLC智能控制器

（f）安装监测系统

图 7-3　空气幕主要系统布设

（2）搭建通道，中间设置 $2\times1m$ 人行通道用于施工人员进出，$5\times5m$ 车行通道用于施工车辆进出，并在门框上采用反光贴或红色霓虹灯作为警示标志。采用不同通道进出使得人车分离，有效保障施工人员安全。避免频繁开关门，提高了施工效率。

（3）安装空气幕，空气幕采用立式侧吹型电热空气幕，通过安装膨胀螺丝使空气幕固定在洞口水泥地面上，两台空气幕呈"外八字"形式设计，射流角度12°，减少了对通风的影响，符合绿色环保理念。

（4）安装隧道通风装置，棉帘框架顶部安装排风口，依据现场对污浊气体排出需求，可在顶部设置多个排风口。排风口设为单向阀门，保证污浊气体排出，避免外界气体流入。保障了施工人员健康安全，避免冷空气通过排放口的流入。

（5）安装 PLC 智能控制器，通过膨胀螺丝安装在洞口 1m 处，与空气幕和监测系统采用实线连接，通过对数据智能分析调节空气幕的工作状态。降低了施工人员操作性，提高了施工效率。

（6）安装监测系统，在距洞口和洞内 5m 处安装温度、湿度监测仪器对所需数据的测量，根据不同施工需求可建立多个温度、湿度测点。监测结果有利于分析隧道内部温度情况，保障施工质量。

7.2.3　隧道现场试验方案

监测系统由温度传感器、风速传感器、数据转换器、数据采集系统和 PC 端组成。风速传感器布置在隧道洞口，用于实时测量侵入隧道的风速，风速传感器的测量范围为 0.3～30m/s，精度为 0.1m/s。温度传感器布置在保温室、隧道围岩和隧道衬砌表面，用于实时测量温度的变化情况，温度传感器的测量范围为 −55～125℃，精度为 0.1℃，测点布置如图 7−4 所示。

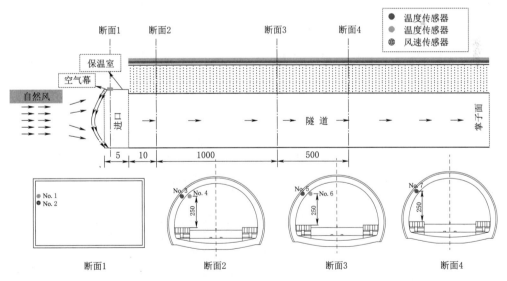

图 7−4　测点布置（单位：dm）

数据采集系统用于收集温度传感器所测量的数据，共 7 个通道。断面 1 位于隧道进口 10m 前处，安置有一个温度传感器和风速传感器；断面 2 位于隧道进口 10m 处，安置有一个温度传感器和湿度传感器；断面 3 位于隧道进口 1010m，安置有一个温度传感器和湿度传感器；断面 4 位于隧道进口 1510m 处，安置有一个湿度传感器。每个传感器每秒记录一次数据，记录隧道的湿度温度和风速的实时数据。

7.3　空气幕保温效果分析

7.3.1　洞外温度场和风速的变化规律

现场采用测量精度为 0.1℃的煤油温度计对每日大气温度进行测量，煤油温度计布置在断面 1、断面 2 和断面 3 上。现场采用监测仪器对每日风速进行测量，监测仪器布置在隧道入口断面 1 上。外界环境温度和风速日变化曲线，如图 7-5 所示。

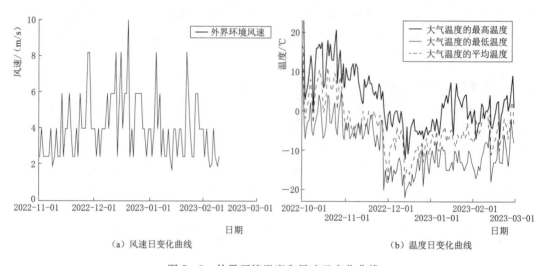

（a）风速日变化曲线　　　　　　　　（b）温度日变化曲线

图 7-5　外界环境温度和风速日变化曲线

图 7-5（a）中监测时间从 2022 年 10 月 1 日至 2023 年 2 月 28 日。在 11 月 25 日首次降到 -10℃以下，为保障隧道混凝土施工质量，应提前在 11 月初建立防寒门等保温措施进行保温。大气温度总体呈下降趋势且气温变化大。最冷月气温出现在 12 月，为 -15.58℃。最低温度为 -22℃，12 月 13 日至 12 月 17 日温度低于 -18℃连续 5 天，传统保温系统可能无法满足保温需要，隧道外界气温将影响隧道混凝土浇筑质量。

图 7-5（b）中监测时间从 2022 年 11 月 1 日至 2023 年 2 月 28 日。外界环境风速总体呈先增大再减小的趋势。最大平均风速也出现在 12 月，为 5.34m/s。在 12 月 21 日首次达到最大风速 11.35m/s。隧道平均风速为 3.97m/s，隧道进口风速相对较大。

表 7-1 为外界月平均气温、最低气温和月平均风速表，最大平均风速和最低月平均气温出现均在 12 月，平均最低气温为 -15.58℃，最大平均风速为 4.84m/s，最低气温为 -22℃。分析认为，当外界平均最低气温过低和平均风速过大时，将对隧道内部温度进行影响，使得传统保温系统保温能力不足或失效。月平均气温与月平均风速的基本呈现负相关，月平均气温先降低至 12 月再上升，而月平均风速线增强至 12 月再减弱。

表7-1   外界月平均气温、最低气温和月平均风速表

时间	月平均气温/℃	最低气温/℃	月平均风速/(m/s)
2022年10月	−1.52	−7	3.96
2022年11月	−6.33	−20	3.71
2022年12月	−15.58	−22	4.84
2023年1月	−12.45	−15	3.93
2023年2月	−10.87	−18	3.37

7.3.2　防寒门＋炉子洞内温度场的变化规律

通过对不同保温措施下温度场变化数据的监测，得出安装防寒门联合生炉子洞内温度场的日变化曲线如图7-6所示。

在寒冷季节，为保障隧道洞内混凝土浇筑温度达到5℃以上，在11月6日建设防寒门进行保温。在11月25日，外界大气温度降至−10℃，隧道洞内混凝土浇筑温度降到5℃以下，单独防寒门无法满足保温需求；于是采用防寒门＋生炉子进行保温，隧道洞内混凝土浇筑温度能够维持在5℃以上。但在11月28日大气最低气温首次达到−18℃，持续5d，隧道内部也再次低于5℃，无法满足混凝土浇筑温度要求，防寒门联合生炉子的保温效果不足或失效。隧道开启空气炮对局部负温进行加热，使得在这五天内混凝土浇筑处温度达到5℃以上；为应对寒冷季节低温影响，在12月25日开始建设空气幕，于1月5日完工开启，

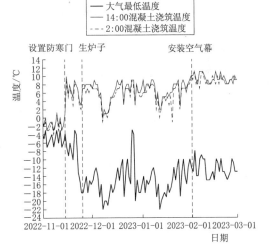

图7-6　安装防寒门联合生炉子洞内
温度场的日变化曲线

采用空气幕进行保温，空气幕采用三挡加热，分别为低、中、高三挡，在不同的隧道洞外气温条件进行切换。对于外界温度不小于−18℃，空气幕保温系统能使得隧道浇筑处温度维持在5～9℃之间，而防寒门＋生炉子多次出现低于5℃的现象。空气幕保温系统相较于防寒门＋生炉子的方法温度变化小，控制隧道浇筑处温度的能力更强，满足了混凝土浇筑处温度。

7.3.3　不同保温措施性能对比

寒区隧道采取保温措施，不仅考虑寒区隧道常采用不同的保温措施及效果，还要考虑不同保温措施的性能对比。于是分别对防寒门、防寒门＋生炉子、空气幕保温系统进行比较。其中不同保温措施性能对比如表7-2所示。

防寒门保温时近乎不用成本，但保温适用效果较差，当外界温度低于−10℃时保温能力不足或失效。

防寒门＋生炉子联合保温时，适用范围较广，但使用生炉子通过燃烧煤炭进行保温，

表 7 - 2　　　　　　　　　　　　　不同措施工作成本对比

保温措施	适 用 范 围	经 济 性 对 比
防寒门	隧道洞口风速不大于 3.71m/s 且气温不低于－10℃	—
防寒门＋生炉子	隧道洞口风速不大于 4.84m/s 且气温不低于－18℃以上	开启 1 台，每台炉子功率为 100kW/h，工业用电每千瓦时费用 1.025 元，每天工作 1h 合计 102.5 元
空气幕	隧道洞口风速不大于 3.93m/s 且气温不低于－18℃	开启两台，每台空气幕功率为 18kW/h，工业用电每千瓦时费用 1.025 元，每天工作 10h 合计 368 元

会产生粉尘及有毒气体，对隧道内部施工环境产生污染，进而影响施工人员健康安全。且燃烧煤炭经济成本最高，若出现过于寒冷天气，需要采用热风炮进行保温，由于热风炮功率为 100kW/h，工作功率较大，会导致成本进一步提高，经济性低。在使用过程中，由于人工因素导致防寒门未关闭或未持续在炉子内添加煤炭，将导致保温失效，可能会使得保温效果不稳定。

空气幕保温系统适用范围与防寒门＋生炉子相近，在隧道两侧通过电能吹出强劲的热风，阻碍寒冷空气进入进行保温，不会在隧道内部产生污染，符合绿色理念。且经济成本不高于防寒门＋空气幕，经济性高。由于空气幕采用智能控制，稳定性高，且采用"外八字"结构，相较于防寒门，两台空气幕呈"外八字"形式设计，射流角度 12°，减少了对通风的影响，通风效果较好。

7.4　建设费用对比

7.4.1　传统保温层法费用计算

1. 建设费用

传统的保温层法建设费用主要包括材料费用和施工费用。以尚山隧道为例，尚山隧道全长 2316m。由 2022 年 10 月至 2023 年 10 月洞外实测数据显示，日最低气温为－22℃，最冷月平均最低气温为－15.58℃，最大平均风速为 4.84m/s，冬季隧道冻害问题突出。

采用最冷月平均气温和设防长度的计算公式：

$$y = -0.8128x^2 - 53.448x + 150.73 \tag{7-1}$$

式中：y 为单侧隧道设防长度，m；x 为最冷月平均最低气温，℃。

由式（7-1）计算可知，该隧道两侧设防长度为 1572.3m。在隧道内铺设 5cm 厚的硬质聚氨酯保温材料，该材料的市场价格为 1300 元/m，铺设 1572.3m 需要用料 3652.5m，材料费用是 474.8 万元；施工费用是 4500 元/m，施工 1572.3m 费用是 707.5 万元；其费用计算如表 7-3 所示。

表 7 - 3　　　　　　　　　　　保温层法建设费用计算表

材料费用/万元	施工费用/万元	总费用/万元
474.8	707.5	1182.3

2. 维修费用

由《铁路隧道设计规范》(TB 10003—2016) 可知,隧道设计使用年限为 100 年。硬质聚氨酯保温材料使用年限为 25 年,后期使用需更换保温材料。人工拆除费用是 167 元/m,拆除 1572.3m,拆除费用是 26.25 万元;重新铺设硬质聚氨酯保温材料,铺设费用为1182.3 万元;一次更换费用 1208.55 万元。按隧道设计使用年限,总计后期需更换 3 次保温材料;100 年保温层法维修费用如表 7-4 所示。

表 7-4 保温层法 100 年维修费用计算表

首次铺设费用/万元	周期更换费用/万元	总费用/万元
1182.3	3625.65	4807.95

7.4.2 空气幕保温系统费用计算

1. 隧道空气幕保温系统建设费用

以尚山隧道为例,隧道空气幕保温系统建设费用主要包括框架、空气幕和 PLC 智能控制器的建设费用。

框架采用 $\phi108$ 无缝钢管、$\phi80$ 无缝钢管、$\phi42$ 无缝钢管搭设焊接形成双层框架,在框架上安装保温材料,保温材料采用酚醛泡沫塑料材料,框架总建设费用为 10.3 万元。

空气幕采用功率为 18kW/h 的定制型空气幕,费用为 3.9 万元/台,共需 7.8 万元。空气幕安装费用为 0.5 万元/台,共需 1 万元。空气幕建设费用为 8.8 万元。

PLC 智能控制器费用为 3.6 万元/套,安装费用为 0.3 万元/套,共需 3.9 万元。

隧道空气幕保温系统初期建设总费用如表 7-5 所示。

表 7-5 隧道空气幕保温系统建设费用(两端)

项 目	费用/万元	项 目	费用/万元
框架	20.6	PLC 智能控制器	7.8
空气幕	17.6	总费用	46

隧道设计使用年限为 100 年,隧道空气幕保温系统中空气幕使用年限为 10 年,PLC智能控制系统使用年限为 10 年。

2. 隧道空气幕保温系统维修费用

后期两端需更换 4 台空气幕,安装在设计年限为 100 年的隧道内,共需更换 9 次,空气幕更换 9 次共需费用 158.4 万元。

PLC 智能控制系统后期共需更换 9 次,每次更换费用为 7.8 万元,更换 9 次共需70.2 万元。

隧道空气幕保温系统维修费用如表 7-6 所示。

表 7-6 隧道空气幕保温系统后期维修费用(两端)

项 目	费用/万元	项 目	费用/万元
空气幕	158.4	总费用	228.6
PLC 智能控制系统	70.2		

3. 隧道空气幕保温系统年耗电量

以尚山隧道为例，保温系统年耗电量主要包括空气幕和PLC智能控制器。

由前面计算分析知，尚山隧道需设置4道空气幕。空气幕功率为18kW/h，4台空气幕功率为72kW/h。工业用电每千瓦时1.025元，每天工作10h的费用738元。尚山隧道全年冻结期约为5个月，因此空气幕在设计年限内的总用电费用约为1107万元。

隧道空气幕保温系统100年费用计算如表7-7所示。

表7-7　　隧道空气幕保温系统100年建设费用表

建设费用/万元	维修费用/万元	用电费用/万元	总费用/万元
46	228.6	1107	1381.6

由表7-5可知，隧道空气幕保温系统（两端）100年总费用为1381.6万元，传统保温层法100年建设费用4807.95万元，约为传统保温层法建设费用的1/3。

参 考 文 献

[1] 田四明，王伟，巩江峰. 中国铁路隧道发展与展望（含截至 2020 年年底中国铁路隧道统计数据）
[J]. 隧道建设（中英文），2021，41（2）：308 - 325.

[2] 高焱，朱永全，耿纪莹，等. 寒区隧道温度场分布规律及保温层适应性研究 [J]. 铁道标准设
计，2017，61（10）：105 - 111.

[3] 周小涵，曾艳华，范磊，等. 寒区隧道温度场的时空演化规律及温控措施研究 [J]. 中国铁道科
学，2016，37（3）：46 - 52.

[4] 赖远明，吴紫汪，张淑娟，等. 寒区隧道保温效果的现场观察研究 [J]. 铁道学报，2003（1）：
81 - 86.

[5] 关宝树. 隧道工程施工要点集 [M]. 北京：人民交通出版社，2011.

[6] Jinxing L，Junling Q，Haobo F，et al. Freeze - proof method and test verification of a cold region
tunnel employing electric heat tracing [J]. Tunnelling and Underground Space Technology Incorpo-
rating Trenchless Technology Research，2016，60.

[7] Guozhu Z，Caichu X，Yong Y，et al. Experimental study on the thermal performance of tunnel lin-
ing ground heat exchangers [J]. Energy & Buildings，2014，77.

[8] 李尧. 既有铁路隧道排水沟冻害原因及处置措施 [J]. 铁道建筑，2021，61（4）：48 - 51.

[9] Jinxing L，Xiuling W，Junling Q，et al. A state - of - the - art review of sustainable energy based
freeze proof technology for cold - region tunnels in China [J]. Renewable and Sustainable Energy
Reviews，2018，82（P3）.

[10] Guozhu Z，Caichu X，Meng S，et al. A new model and analytical solution for the heat conduction of
tunnel lining ground heat exchangers [J]. Cold Regions Science and Technology，2013，88.

[11] 杨勇，夏才初，朱建龙. 隧道地源热泵热交换管换热引起的温度应力研究 [J]. 中南大学学
报（自然科学版），2014，45（11）：3970 - 3976.

[12] Xiaohan Z，Xiaochuan R，Xuqian Y，et al. Temperature field and anti - freezing system for cold -
region Temperature field and anti - freezing system for cold - region tunnels through rock with high
geotemperatures [J]. Tunnelling and Underground Space Technology Incorporating Trenchless
Technology Research，2021，111.

[13] J. R P，D. A D V. Moisture movement in porous materials under temperature gradients [J]. Eos,
Transactions American Geophysical Union，1957，38（2）.

[14] Bonacina C，Comini G，Fasano A，et al. Numerical solution of phase - change problems [J]. In-
ternational Journal of Heat and Mass Transfer，1973，16（10）.

[15] R. L H. Analysis of coupled heat - fluid transport in partially frozen soil [J]. Water Resources Re-
search，1973，9（5）.

[16] G. C，S. D G，R. W L，et al. Finite element solution of non - linear heat conduction problems with
special reference to phase change [J]. International Journal for Numerical Methods in Engineering,
1974，8（3）.

[17] George S T，James N L. A model for coupled heat and moisture transfer during soil freezing [J].
Canadian Geotechnical Journal，1978，15（4）.

[18] E. M G，G. N P. Solving nonsteady heat - conduction problems for multilayer systems by the finite -

difference method [J]. Journal of Engineering Physics，1986，49 (2).

[19] Johansen N I，Huang S L，Aughenbaugh N B. Alaska's CRREL permafrost tunnel [J]. Tunnelling and Underground Space Technology，1988，3 (1).

[20] Moncef K，Jan F K. Analytical model for heat transfer in an underground air tunnel [J]. Energy Conversion and Management，1996，37 (10).

[21] Zafer I. An investigation about the relations between the results of heat conduction problems with and without phase change [J]. International Communications in Heat and Mass Transfer，1996，23 (6).

[22] X. L，P. T，M. V. Transient analytical solution to heat conduction in composite circular cylinder [J]. International Journal of Heat and Mass Transfer，2006，49 (1/2).

[23] Jain P K，Singh S，Rizwan U. Analytical Solution to Transient Asymmetric Heat Conduction in a Multilayer Annulus [J]. Journal of Heat Transfer，2009，131 (1).

[24] Toutain J，Battaglia J L，Pradere C，et al. Numerical Inversion of Laplace Transform for Time Resolved Thermal Characterization Experiment [J]. Journal of Heat Transfer，2011，133 (4).

[25] Robert S. Transient Thermal Analysis of Parallel Translucent Layers by Using Green's Functions [J]. Journal of Thermophysics and Heat Transfer，2012，13 (1).

[26] 赖远明，吴紫汪，朱元林，等. 寒区隧道温度场和渗流场耦合问题的非线性分析 [J]. 中国科学（D辑：地球科学），1999 (S1)：21 - 26.

[27] 何春雄，吴紫汪，朱林楠. 严寒地区隧道围岩冻融状况分析的导热与对流换热模型 [J]. 中国科学（D辑：地球科学），1999 (S1)：1 - 7.

[28] 赖远明，喻文兵，吴紫汪，等. 寒区圆形截面隧道温度场的解析解 [J]. 冰川冻土，2001 (2)：126 - 130.

[29] 张学富，赖远明，杨风才，等. 寒区隧道围岩冻融影响数值分析 [J]. 铁道学报，2002 (4)：92 - 96.

[30] 张学富，喻文兵，刘志强. 寒区隧道渗流场和温度场耦合问题的三维非线性分析 [J]. 岩土工程学报，2006 (9)：1095 - 1100.

[31] 张耀，何树生，李靖波. 寒区有隔热层的圆形隧道温度场解析解 [J]. 冰川冻土，2009，31 (1)：113 - 118.

[32] 张国柱，夏才初，殷卓. 寒区隧道轴向及径向温度分布理论解 [J]. 同济大学学报（自然科学版），2010，38 (8)：1117 - 1122.

[33] 夏才初，张国柱，肖素光. 考虑衬砌和隔热层的寒区隧道温度场解析解 [J]. 岩石力学与工程学报，2010，29 (9)：1767 - 1773.

[34] 谭贤君，陈卫忠，于洪丹，等. 考虑通风影响的寒区隧道围岩温度场及防寒保温材料敷设长度研究 [J]. 岩石力学与工程学报，2013，32 (7)：1400 - 1409.

[35] 冯强，蒋斌松. 多层介质寒区公路隧道保温层厚度计算的一种解析方法 [J]. 岩土工程学报，2014，36 (10)：1879 - 1887.

[36] Xuefu Z，Zihan Z，Junqi L，et al. A physical model experiment for investigating into temperature redistribution in surrounding rock of permafrost tunnel [J]. Cold Regions Science and Technology，2018，151.

[37] Weiwei L，Qiang F，Chengxiang W，et al. Analytical solution for three - dimensional radial heat transfer in a cold - region tunnel [J]. Cold Regions Science and Technology，2019，164.

[38] 赵鑫，张洪伟，杨晓华，等. 寒区隧道温度简谐波传热特征与影响因素的敏感性 [J]. 交通运输工程学报，2020，20 (6)：148 - 160.

[39] 袁金秀，王道远，王悦，等. 寒区隧道温度场理论解及防寒保温设防长度 [J]. 铁道工程学报，2022，39 (5)：59 - 64.

［40］ 谢红强，何川，李永林. 寒区公路隧道保温层厚度的相变温度场研究 ［J］. 岩石力学与工程学报，2007（S2）：4395－4401.

［41］ 赖金星，谢永利，李群善. 青沙山隧道地温场测试与分析 ［J］. 中国铁道科学，2007（5）：78－82.

［42］ 张德华，王梦恕，任少强. 青藏铁路多年冻土隧道围岩季节活动层温度及响应的试验研究 ［J］. 岩石力学与工程学报，2007（3）：614－619.

［43］ 陈建勋，罗彦斌. 寒冷地区隧道温度场的变化规律 ［J］. 交通运输工程学报，2008（2）：44－48.

［44］ 程凡. 鲁霍一级公路阿拉坦隧道温度场特性研究 ［D］. 长安大学，2009.

［45］ E. P，S. P，G. A. Numerical interpretation of temperature distributions from three ground freezing applications in urban tunnelling ［J］. Tunnelling and Underground Space Technology Incorporating Trenchless Technology Research，2012，28.

［46］ 邓刚. 高海拔寒区隧道防冻害设计问题 ［D］. 西南交通大学，2012.

［47］ 胡熠. 多场耦合条件下高海拔寒区隧道温度场及安全性评价研究 ［D］. 西南交通大学，2014.

［48］ 丁浩，刘瑞全，胡居义，等. 姜路岭隧道温度场特性分析 ［J］. 现代隧道技术，2015，52（1）：76－81.

［49］ Kyoung－Jea J，Yeong－Cheol H，Chan－Young Y. Field measurement of temperature inside tunnel in winter in Gangwon，Korea ［J］. Cold Regions Science and Technology，2017，143.

［50］ 高焱，朱永全，辛浩. 寒区长大隧道温度实测与仿真 ［J］. 北京交通大学学报，2017，41（1）：49－55.

［51］ 王仁远，朱永全，高焱，等. 正盘台隧道洞内空气和围岩温度场分析 ［J］. 科学技术与工程，2020，20（18）：7464－7471.

［52］ 孙克国，刘建正，于铭钏，等. 气象要素对寒区隧道径向温度场影响规律研究 ［J］. 土木工程学报，2021，54（S1）：140－148.

［53］ 马志富，杨昌贤. 自然气压差对寒区隧道气温场影响主导性研究 ［J］. 铁道工程学报，2021，38（10）：60－65.

［54］ 潘文韬，吴枋胤，谢金池，等. 高寒山区隧道温度场及冻害控制措施研究 ［J］. 公路，2022，67（4）：364－371.

［55］ 郑泽福，马伟斌，郭小雄，等. 京沈高速铁路辽西隧道洞口段温度场测试与分析 ［J］. 铁道建筑，2022，62（3）：104－107.

［56］ 田四明，王伟，吕刚，等. 寒区隧道洞内温度场分布规律及防寒设计探讨 ［J］. 铁道标准设计，2022：1－8.

［57］ 冯强. 季节性寒区隧道围岩温度场与变形特性研究 ［D］. 中国矿业大学，2014.

［58］ 渠孟飞，谢强，胡熠，等. 寒区隧道衬砌冻胀力室内模型试验研究 ［J］. 岩石力学与工程学报，2015，34（9）：1894－1900.

［59］ 张玉伟，谢永利，李又云，等. 寒区隧道合理保温型式及保温效果试验 ［J］. 铁道科学与工程学报，2016，13（8）：1569－1577.

［60］ 周小涵. 寒区隧道围岩与风流的对流-导热耦合作用及其应用研究 ［D］. 西南交通大学，2017.

［61］ 高焱，朱永全，何本国，等. 寒区高速铁路隧道温度场模型试验系统的研制及应用 ［J］. 岩石力学与工程学报，2017，36（8）：1989－1998.

［62］ Yanhua Z，Kelin L，Xiaohan Z，et al. Tunnel temperature fields analysis under the couple effect of convection－conduction in cold regions ［J］. Applied Thermal Engineering，2017，120.

［63］ Lulu L，Zhe L，Xiaoyan L，et al. Frost front research of a cold－region tunnel considering ventilation based on a physical model test ［J］. Tunnelling and Underground Space Technology Incorporating Trenchless Technology Research，2018，77.

[64] 葛志翔，刘志强，王建民. 寒区隧道洞口段力学特性模型试验研究 [J]. 铁道建筑，2020，60 (11)：64 – 66.

[65] 郭瑞，郑波，方林，等. 寒区隧道纵向温度场分布特征的模型试验研究 [J]. 现代隧道技术，2021，58 (5)：129 – 139.

[66] 夏才初，林梓梁，施佳誉，等. 渐冻隧道演化模拟试验系统的研制及初步应用 [J]. 岩石力学与工程学报，2021，40 (8)：1525 – 1535.

[67] 郑新雨，徐飞，孙浩凯，等. 寒区富水隧道冻结圈围岩冻胀力演化规律研究 [J]. 中国公路学报，2022：1 – 17.

[68] 陶亮亮，曾艳华，周小涵，等. 机械通风及地温对寒区隧道防冻长度影响研究 [J]. 西南交通大学学报，2022：1 – 9.

[69] 马志富，杨昌贤. 寒区隧道抗防冻设计标准研究 [J]. 隧道建设 (中英文)，2021，41 (11)：1931 – 1942.

[70] 张吉明. 群洞条件下高海拔寒区隧道温度场分析及防寒技术研究 [D]. 兰州交通大学，2018.

[71] 王秒，宋罡. 寒区隧道防寒保温方案设计 [J]. 土工基础，2015，29 (4)：35 – 39.

[72] 夏才初，范东方，李强，等. 寒区隧道保温层铺设长度的计算方法 [J]. 同济大学学报 (自然科学版)，2016，44 (9)：1363 – 1370.

[73] 郑波，吴剑，郑金龙，等. 高海拔严寒地区特长公路隧道保温层铺设长度研究 [J]. 地下空间与工程学报，2017，13 (S1)：353 – 359.

[74] 高焱，朱永全，赵东平，等. 隧道寒区划分建议及保温排水技术研究 [J]. 岩石力学与工程学报，2018，37 (S1)：3489 – 3499.

[75] 叶朝良，高新强，朱永全，等. 寒区隧道洞口保温段设置长度统计分析 [J]. 铁道建筑，2019，59 (12)：47 – 50.

[76] 夏才初，汪超，黄文丰. 寒区隧道保温层铺设长度及衬砌防冻措施研究 [J]. 重庆交通大学学报 (自然科学版)，2020，39 (3)：100 – 106.

[77] 吴剑，郑波，方林，等. 寒区隧道洞口保温层设防长度确定方法探讨 [J]. 铁道标准设计，2021，65 (10)：81 – 86.

[78] 王志杰，姜逸帆，李金宜，等. 曲线寒区隧道保温层铺设长度计算方法研究 [J]. 隧道建设 (中英文)，2021，41 (2)：175 – 184.

[79] 于丽，孙源，王明年. 寒区隧道抗冻设防长度的计算方法研究 [J]. 现代隧道技术，2021，58 (4)：21 – 28.

[80] 王志杰，周飞聪，周平，等. 高寒高海拔隧道保温层敷设方式及设计参数优化 [J]. 中国公路学报，2020，33 (8)：182 – 194.

[81] 陈志涛. 滨洲铁路兴安岭隧道病害整治 [J]. 哈尔滨铁道科技，2016 (3)：17 – 19.

[82] 张国柱，张玉强，夏才初，等. 利用地温能的隧道加热系统及其施工方法 [J]. 现代隧道技术，2015，52 (6)：170 – 176.

[83] Lai J，Qiu J，Chen J，et al. New Technology and Experimental Study on Snow – Melting Heated Pavement System in Tunnel Portal [J]. Advances in Materials Science and Engineering，2015.

[84] Ji J，Lu W，Li F，et al. Experimental and numerical simulation on smoke control effect and key parameters of Push – pull air curtain in tunnel fire [J]. Tunnelling and Underground Space Technology Incorporating Trenchless Technology Research，2022，121.

[85] Li X，Jiang Y，Zhu J，et al. Air curtain dust – collecting technology：Investigation of industrial application in tobacco factory of the air curtain dust – collecting system [J]. Process Safety and Environmental Protection，2021，149.

[86] Senwen Y，Hatem A，Cheng Z，et al. Wind effects on air curtain performance at building en-

trances [J]. Building and Environment, 2019, 151.

[87] Tomas G, Juan C, Miguel A G, et al. Energetic, environmental and economic analysis of climatic separation by means of air curtains in cold storage rooms [J]. Energy & Buildings, 2014, 74.

[88] 孟晗, 鲁忠良. 矿用空气幕的研究现状及一种新型矿用空气幕 [J]. 煤, 2017, 26 (11): 23 - 25.

[89] 于国昌. 空气幕设计 [M]. 北京: 建筑工程出版社, 1957.

[90] 汤晓丽, 史钟璋. 横向气流作用下气幕封闭特性的理论研究 [J]. 建筑热能通风空调, 1999 (2): 6 - 8.

[91] L. G, C. S, M. D D V, et al. Design of air curtains used for area confinement in tunnels [J]. Experiments in Fluids: Experimental Methods and their Applications to Fluid Flow, 2000, 28 (4).

[92] 刘荣华, 王海桥, 刘河清, 等. 综采工作面空气幕隔尘理论研究: 全国暖通空调制冷 2002 年学术年会 [C], 2002.

[93] 王海宁. 矿用空气幕理论及其应用研究 [D]. 中南大学, 2005.

[94] A. M F, M. J S, R. B, et al. Effectiveness and optimum jet velocity for a plane jet air curtain used to restrict cold room infiltration [J]. International Journal of Refrigeration, 2005, 29 (5).

[95] 赵千里, 高谦, 高创州. 矿用空气幕隔断风流理论模型及其应用研究 [J]. 有色金属 (矿山部分), 2007 (5): 39 - 42.

[96] 南晓红, 何媛, 刘立军. 冷库门空气幕性能的影响因素 [J]. 农业工程学报, 2011, 27 (10): 334 - 338.

[97] H. G, C. D P S, I. R, et al. Improved semi - analytical method for air curtains prediction [J]. Energy & Buildings, 2013, 66.

[98] 赵玲, 蒋仲安. 循环型空气幕多机联合隔断巷道风流效果的分析 [J]. 中南大学学报 (自然科学版), 2013, 44 (10): 4238 - 4243.

[99] 蒋仲安, 罗晔, 牛伟. 矿井空气幕隔断巷道风流影响因素分析及实验 [J]. 采矿与安全工程学报, 2013, 30 (1): 149 - 153.

[100] Na L, Angui L, Ran G, et al. An experiment and simulation of smoke confinement utilizing an air curtain [J]. Safety Science, 2013, 59.

[101] 吴振坤. 地铁车站敞开楼梯空气幕防火防烟分隔技术研究 [D]. 中国科学技术大学, 2015.

[102] Yu L X, Beji T, Liu F, et al. Analysis of FDS 6 Simulation Results for Planar Air Curtain Related Flows from Straight Rectangular Ducts [J]. Fire Technology, 2018, 54 (2).

[103] 吴永谦. 空气幕在酒店类建筑前室挡烟的应用研究 [D]. 重庆大学, 2019.

[104] 聂兴信, 张书读, 冯珊珊, 等. 高海拔矿井掘进工作面局部增压的空气幕调控仿真研究 [J]. 安全与环境学报, 2020, 20 (1): 122 - 130.

[105] [日] 林太郎, 等. 工业通风与空气调节 [M]. 北京: 北京工业大学出版社, 1988.

[106] C. P T, S. C M Y, H. J P, et al. Experimental study on the heat and mass transfer characteristics in a refrigerated truck [J]. International Journal of Refrigeration, 2002, 25 (3).

[107] 何嘉鹏, 王东方, 韩丽艳, 等. 防烟空气幕二维数学模型 [J]. 土木工程学报, 2003 (2): 104 - 107.

[108] Pengfei W, Tao F, Ronghua L. Numerical simulation of dust distribution at a fully mechanized face under the isolation effect of an air curtain [J]. Mining Science and Technology, 2011, 21 (1): 65 - 69.

[109] 聂文, 程卫民, 于岩斌, 等. 全岩机掘面压风空气幕封闭除尘系统的研究与应用 [J]. 煤炭学报, 2012, 37 (7): 1165 - 1170.

[110] Na L, Angui L, Ran G, et al. An experiment and simulation of smoke confinement and exhaust

efficiency utilizing a modified Opposite – Double – Jet Air Curtain [J]. Safety Science, 2013, 55.

[111] J. C V. Saltwater experiments with air curtains for smoke control in the event of fire [J]. Journal of Building Engineering, 2016, 8.

[112] Zujing Z, Yanping Y, Kequan W, et al. Experimental investigation on Influencing Factors of air curtain systems barrier efficiency for mine refuge chamber [J]. Process Safety and Environmental Protection, 2016, 102.

[113] 王鹏飞, 刘荣华, 贺俊星, 等. 综采工作面旋转风幕隔尘数值模拟及试验研究 [J]. 湖南科技大学学报 (自然科学版), 2018, 33 (4): 14 – 19.

[114] 柏俊义, 朱锦煜. 空气帘幕在关角隧道通风中的应用 [J]. 铁道建筑, 1991 (4): 13 – 15.

[115] 白兰永, 王宽, 周福宝, 等. 综掘工作面综合降尘技术在葛泉矿的应用 [J]. 中国煤炭, 2011, 37 (7): 102 – 105.

[116] Vittori F, Rojas – Solorzano L, Pavageau M. Response Surface Methodology for Analysis of an Air Curtain Used as Emergency Ventilation System in a Tunnel Fire [J]. Chemical Engineering Transactions (Cet Journal), 2012, 26.

[117] Wei – Min C, Wen N, Gang Z, et al. Research and practice on fluctuation water injection technology at low permeability coal seam [J]. Safety Science, 2012, 50 (4).

[118] Ran G, Angui L, Wenjun L, et al. Study of a proposed tunnel evacuation passageway formed by opposite – double air curtain ventilation [J]. Safety Science, 2012, 50 (7).

[119] 宋旭彪. 压出式空气幕通风技术在隧道施工中的应用 [J]. 现代隧道技术, 2013, 50 (2): 173 – 180.

[120] Makhsuda J, Kyung J R, Sang – Hyun J, et al. Numerical optimization study to install air curtain in a subway tunnel by using design of experiment [J]. Journal of Mechanical Science and Technology, 2014, 28 (1).

[121] Park S H, An J J, Han S J, et al. Simulation study of smoke spread prevention using air curtain system in rescue station platform of undersea tunnel [J]. Journal of Korean Tunnelling and Underground Space Association, 2015, 17 (3).

[122] Makhsuda J, Kyung J R, Sang – Hyun J, et al. Influences of the train – wind and air – curtain to reduce the particle concentration inside a subway tunnel [J]. Tunnelling and Underground Space Technology Incorporating Trenchless Technology Research, 2016, 52.

[123] Long – Xing Y, Fang L, Tarek B, et al. Experimental study of the effectiveness of air curtains of variable width and injection angle to block fire – induced smoke in a tunnel configuration [J]. International Journal of Thermal Sciences, 2018, 134.

[124] Li Z, Zhen – Zhen Y, Zhi – Hui L I, et al. Study on the Effect of the Jet Speed of Air Curtain on Smoke Control in Tunnel [J]. Procedia Engineering, 2018, 211.

[125] 王明年, 郭晓晗, 于丽, 等. 空气幕对城际铁路地下车站火灾烟气控制数值分析 [J]. 中国安全生产科学技术, 2019, 15 (9): 63 – 69.

[126] Qiang L, Wen N, Yun H, et al. Research on tunnel ventilation systems: Dust Diffusion and Pollution Behaviour by air curtains based on CFD technology and field measurement [J]. Building and Environment, 2019, 147.

[127] 段博文, 付海明. 空气幕与机械排烟对隧道火灾烟气扩散的影响 [J]. 东华大学学报 (自然科学版), 2019, 45 (4): 588 – 595.

[128] 张博文, 王海宁, 张迎宾. 公路隧道空气幕与射流风机通风方法对比及优化 [J]. 有色金属科学与工程, 2020, 11 (3): 80 – 89.

[129] 陶亮亮, 曾艳华, 刘振撼, 等. 空气幕对地铁隧道火灾温度及流场的影响研究 [J]. 中国安全

科学学报，2021，31（7）：157 - 163.

[130] 陶亮亮，周小涵，付孝康，等. 空气幕顶部排烟系统控烟排烟有效性的研究 [J]. 地下空间与工程学报，2021，17（5）：1664 - 1670.

[131] 陈祉颖，牛国庆，王舒梦，等. 基于正交模拟试验的隧道空气幕参数优化研究 [J]. 现代隧道技术，2021，58（5）：114 - 121.

[132] Singh，S.，Jain，P. K.，Rizwan - uddin. Analytical solution to transient heat conduction in polar coordinates with multiple layers in radial direction [J]. Int. J. Therm. Sci. 2008，47，261 - 273.

[133] Liu，H. Y.，Yuan，X. P.，Xie，T. C.，2019. A damage model for frost heaving pressure in circular rock tunnel under freezing - thawing cycles. Tunnelling and Underground Space Technology incorporating Trenchless Technology Research. 83，401 - 408.

[134] Liu，W. W.，Feng，Q.，Wang，C. X.，Lu，C. K.，Xu，Z. Z.，Li，W. T.，2019. Analytical solution for three - dimensional radial heat transfer in a cold - region tunnel. Cold Regions Science and Technology，164.

[135] Zeng，Y. H.，Liu，K. L.，Zhou，X. H.，Fan，L.，2017. Tunnel temperature fields analysis under the couple effect of convection - conduction in cold regions. Appl. Therm. Eng. 120，378 - 392.

[136] L. C. Evans，Partial Differential Equations，American Mathematical Society，Providence，1998.

[137] Zhang，G. Z.，Xia，C. C.，Yang，Y.，Sun，M.，Zou，Y. C.，2014. Experimental study on the thermal performance of tunnel lining ground heat exchangers. Energy Build. 77，149 - 57.

[138] Lai，Y. M.，Zhang，X. F.，Yu，W. B.，Zhang，S. J.，Liu，Z. Q.，Xiao，J. Z.，2005. Three - dimensional nonlinear analysis for the coupled problem of the heat transfer of the surrounding rock and the heat convection between the air and the surrounding rock in cold - region tunnel，Tunnel. Undergr. Space Technol. 20，323 - 332.

[139] Bao，X. K.，Zhang，W.，Zhao，S.，Yu，C. Y.，Lü，Y. J.，Wang，S. R.，Wu，N.，2014. Study on the influence of airflow on the temperature of the surrounding rock in a cold region tunnel and its application to insulation layer design，Appl. Therm. Eng. 67，320 - 334.

[140] Md. Saiful Islam.，Teruyuki Fukuhara.，Hiroshi Watanabe.，2007. Simplified Heat Transfer Model of Horizontal U - Tube（HUT）System，Journal of Snow Engineering of Japan. 23，232 - 239.

[141] Chen，S. L.，Ke，M. T.，Sung，P. S.，et al. 1992. Analysis of cool storage for air conditioning. International Journal of Energy Research. 16（6），553 - 563.

[142] Ouyang，D. H.，Yang，W. C.，Deng，E.，Wang，Y. W.，He，X. H.，Tang，L. B.，2023. Comparison of aerodynamic performance of moving train model at bridge - tunnel section in wind tunnel with or without tunnel portal. Tunnelling and Underground Space Technology incorporating Trenchless Technology Research，135.

[143] Liu，Y. K.，Yang，W. C.，Deng，E.；Wang，Y. W.，He，X. H.，Huang，Y. M.，Chen，Z. W.，2023. Aerodynamic impacts of high - speed trains on city - oriented noise barriers：A moving model experiment. Alexandria Engineering Journal. 68，343 - 364.